Essai de logique ternaire sémiotique
et philosophique

Eugen Cosinschi & Micheline Cosinschi

Essai de logique ternaire sémiotique et philosophique

PETER LANG
Bern · Berlin · Bruxelles · Frankfurt am Main · New York · Oxford · Wien

Information bibliographique publiée par «Die Deutsche Bibliothek»:
«Die Deutsche Bibliothek» répertorie cette publication dans la «Deutsche Nationalbibliografie»; les données bibliographiques détaillées sont disponibles sur Internet sous ‹http:/dnb.ddb.de›.

Cet ouvrage paraît avec l'aide de la Fondation Chuard Schmid, Université de Lausanne

Photo de couverture: Danièle Brochard, http://reflex.aminus3.com

Réalisation de la couverture: Thomas Jaberg, Peter Lang SA

ISBN 978-3-0343-0048-3

© Peter Lang SA, Editions scientifiques internationales, 2009
Hochfeldstrasse 32, CH-3012 Berne
www.peterlang.com, www.peterlang.net, info@peterlang.com

Tous droits réservés.
Réimpression ou reproduction interdite par n'importe quel procédé, notamment par microfilm, xérographie, microfiche, microcarte, offset, etc.

Imprimé en Allemagne

A tous les trois!

Remerciements

Cet ouvrage écrit à quatre mains est une rencontre heureuse entre une pensée globale, théorique, philosophique et une pensée pragmatique, méthodologique, spécialisée d'où émerge, dans l'entre-deux, une logique diagonale du tiers inclus. Le travail complice fut un long parcours chaotique marqué de plusieurs étapes, d'arrêts, de nouveaux départs, de doutes, de ralentissements, de mauvaises routes aussi, à la mesure du sujet abordé. L'itinéraire fut surtout balisé par toute une série d'appuis et d'encouragements. Et il est des repères qui marquent plus que d'autres.

Nous sommes particulièrement reconnaissants à Jean-Bernard Racine et Jean-Paul Ferrier, collègues et amis géographes de longue date, rompus à l'épistémologie, qui ont suivi et toujours soutenu notre cheminement scientifique. Plus récemment nous sommes redevables à Dominique Bourg, philosophe et scientifique, collègue de l'Université de Lausanne, pour son appui et ses encouragements à la publication. Une pensée affectueuse va vers notre fils Adrien Vlad qui a fait preuve de compréhension intéressée, nous amenant parfois à reconsidérer judicieusement la structure de certaines triades. Enfin nous adressons des remerciements à Gaston Clivaz pour sa disponibilité et son appui technique à la mise en page et, tout particulièrement, à la Fondation Irène, Nada, Andrée Chuard-Schmid à Lausanne, pour son soutien financier à la publication de l'ouvrage.

Lausanne, mai 2009

Table des matières

Introduction
Pourquoi une logique ternaire?...1

Chapitre 1
Des règles pour raisonner: une logique ternaire..7

Chapitre 2
De la nécessité d'une approche conceptuelle 13

2.1 La virtuosité des contraires..15
    Contradictoire/contraire..17
    Coincidentia oppositorum et correlatio oppositorum........................21

Chapitre 3
Du binaire au ternaire..23

3.1 L'opposition absolue et sa logique binaire:
    opposition de contradictoires..25

3.2 L'opposition relative et sa logique bi-binaire:
    opposition de contradictoires relatifs...28
    Le carré logique 33
    La systématisation ternaire du carré logique 36
    Le carré logique d'Aristote...36
    Le carré logique de Greimas..38
    Le carré logique de Combet...41

3.3 L'opposition corrélative et sa logique ternaire:
    opposition corrélative inverse 45

Chapitre 4

Le méta-modèle logique ternaire ordre | hiérarchie/organisation 57

4.1 L'ordre 60

4.2 La hiérarchie 62

4.3 L'organisation 65

    Déséquilibres organisationnels 72

    Dégron, nivon, intégron, organon 75

    Point de vue fonctionnaliste, point de vue finaliste 78

Chapitre 5

Information | signification/communication 81

5.1 L'information 83

5.2 La signification 87

5.3 La communication 88

Chapitre 6

De la philosophie ternaire 93

6.1 Avoir | être/connaître 93

6.2 Matérialisme | idéalisme/phénoménologie 99

6.3 Au-delà de la philosophie fonctionnaliste: la philosophie finaliste .116

    Méta-idéalisme 119

    Métaphysique 126

Chapitre 7

De la géométrie et de la logique ternaire 131

7.1 Trois géométries 132

7.2 Trois triangles 134

7.3 La transfiguration fonctionnelle du triangle rectangle: relation, fonction, corrélation 138

La relation: la diagonale 138
La fonction: les coordonnées cartésiennes 142
La corrélation 150

Chapitre 8
Entre transparence et miroitement, la transfiguration cartographique..159
Concepts et métaphores 161
La transparence 163
Le miroitement 166
Le translucide et le diaphane: une transfiguration 169
Du diaphane 171
Réflexion-réfraction 176

Bibliographie 183
Index 195

Table des figures et tableaux

Figures

Figure 1	Le modèle topologique ternaire élémentaire: *horizontalité	verticalité / diagonalité*	4
Figure 2	La schématisation ternaire du méta-modèle *ordre	hiérarchie / organisation*	16
Figure 3	Opposition de contradictoires	25
Figure 4	Logique binaire *ordre / désordre*	32
Figure 5	Les oppositions du carré logique	34
Figure 6	Du carré logique au triangle logique par rotation de 90°	35
Figure 7	Le carré logique d'Aristote	37
Figure 8	Axe sémantique: le couple des contraires du carré logique	40
Figure 9	La dislocation du carré logique	42
Figure 10	Vers le triangle logique	44
Figure 11	Le modèle quaternaire ordre/désordre, non-ordre/non-désodre	47
Figure 12	Le pliage du carré logique en un modèle binaire d'opposition relative	48
Figure 13	Le carré logique de l'*ordre*, de la *hiérarchie*, du *désordre*, de l'*anarchie*	50
Figure 14	La réduction du carré logique *ordre/hiérarchie, désordre/anarchie* en triangle logique *ordre	hiérarchie / organisation*	51
Figure 15	Le couple de contraires *ordre	hiérarchie* et son tiers inclus diagonal l'*organisation*	59
Figure 16	Le concept d'*ordre*	60
Figure 17	L'*ordre* dans le modèle ternaire	62
Figure 18	Le concept vertical de *hiérarchie*	63
Figure 19	La *hiérarchie* dans le modèle ternaire	64
Figure 20	Exemples de situations intermédiaires *ordre / hiérarchie* sur la diagonale organisatrice	67

Figure 21   Le triangle logique lupascien 68
Figure 22   Le modèle de l'organisation transcendantale 70
Figure 23   L'*organisation* dans le modèle ternaire 72
Figure 24   Organisation, sous-organisation, sur-organisation 73
Figure 25   Organisation hiérarchisante 74
Figure 26   Couches diagonales d'organisation 76
Figure 27   Le modèle finaliste sur la bissectrice origine (*alpha*) -
            destination (*oméga*) et le modèle fonctionnaliste sur
            la diagonale de l'organisation 79
Figure 28   Le modèle ternaire *information | signification / communication* 82
Figure 29   Communication symétrique ou complémentaire 89
Figure 30   Triade philosophie *avoir | être / connaître* 94
Figure 31   Triade philosophique *matérialisme | idéalisme / phénoménologie* ...100
Figure 32   Schéma philosophique synthétique 110
Figure 33   Carré philosophique 117
Figure 34   Le triangle rectangle isocèle 137
Figure 35   Les quadrants du système des coordonnées.........................146
Figure 36   Point P de coordonnées X-Y 147
Figure 37   Fonctions linéaires directe (bissectrice) et inverse
            (diagonale)..148
Figure 38   Fonctions diagonales et fonctions bissectrices 149
Figure 39   La corrélation positive (directe) 152
Figure 40   La corrélation négative (inverse) 153
Figure 41   Absence de corrélation (indépendance)................................153
Figure 42   Le modèle ternaire de la transfiguration de l'image
            cartographique (objet banal):
            transparence | miroitement / translucide-diaphane 161

Tableaux

Tableau 1   Exemples de triades et leurs topiques conceptuelles 55
Tableau 2   Classification des triangles 135

Introduction

Pourquoi une logique ternaire?

> «[...] je respecte et j'estime tous les nombres pour ce qu'ils sont; mais je suis forcé d'avouer qu'en philosophie, j'ai un penchant marqué pour le nombre Trois.»
> Charles Sanders Peirce, *Ecrits sur le signe*, 1978: 71.

Si d'emblée certains pourraient penser que *l'entre-deux* a quelque chose de flou, de creux, de vide ou d'ambigu, qu'ils se rassurent car le tiers inclus conceptuel qui s'y loge possède un rôle épistémologique majeur. C'est parce qu'on est tributaire de la logique binaire, de la non-contradiction dominante et cela sans même s'en rendre compte, qu'on évite l'entre-deux, préférant les choses simples et claires du type: ou bien l'un ou bien l'autre! Pourtant nous savons tous très bien qu'il se peut, et pas seulement dans la vie de tous les jours, que l'un et l'autre arrivent en même temps, et parfois même un tiers. C'est justement la possibilité et même la nécessité épistémologique de l'émergence du tiers que nous voulons mettre en évidence.

La présence implicite du modèle ternaire dans presque tous les discours, qu'ils soient parlés ou écrits, est apparue dans notre champ d'intérêt de manière intuitive et comme une évidence au fur et à mesure que se déployait notre parcours culturel et livresque. Par contre, le questionnement sur la nature du modèle et ceci dans le dessein de le rendre explicite, s'est imposé comme une sorte d'obligation incontournable une fois qu'on a pris connaissance des auteurs dont les triades et leur logique donnaient un éclat particulier à leur argumentation. En premier lieu, il s'agit de Stéphane Lupasco dont toute l'œuvre est dédiée aux concepts contradictoires et leur résolution ternaire[1], puis de Georges Dumézil qui

---

1   C'est en lisant *Psychisme et sociologie* de Stéphane Lupasco, qui venait de paraître en 1978, que notre aventure ternaire a débutée.

a mis en évidence les trois fonctions du monde indo-européen et enfin l'œuvre de René Girard sur le triangle du désir mimétique, la victime émissaire et les origines de la culture. Par la suite, tous ceux qu'on a lus, à un moment ou à un autre, ont conforté notre interprétation logique ternaire, d'une manière plus ou moins explicite, plus ou moins globale, plus ou moins achevée, au point qu'on pourrait mettre au défi quiconque trouvera un essai ou une fiction qui ne gravite autour d'une configuration ternaire. Parmi les auteurs dont les triades structurent leur pensée, on ne peut faire l'impasse sur Charles Sanders Pierce, Karl Popper, Georges Duby, René Thom, Jacques Le Goff, Theodor Caplow, Henri Atlan, Michel Serres, Michel Fromaget, Basarab Nicolescu, Dany-Robert Dufour et bien d'autres systémistes, théologiens, mathématiciens, philosophes, historiens, physiciens, anthropologues, etc.

Si l'autorité scientifique fondatrice dans l'élaboration de la schématisation ternaire reste Stéphane Lupasco, on admettra aussi la prédisposition d'aborder de manière conceptuelle les connaissances acquises largement stimulées par l'environnement culturel et la richesse des personnes (et des œuvres) qui entretiennent avec nous des liens affectifs forts. La schématisation épistémologique explicite à la base de la réflexion qui va suivre et qui en constitue la clé de voûte, celle d'une logique ternaire (*tertium datur*) et son application aux transactions topologiques des concepts, quand celles-ci ont paru porteuses de nouveauté, n'est cependant pas uniquement une reconsidération du statut de nos connaissances. L'engagement dans la démarche épistémologique est aussi une tentative de dépassement du binarisme logique dans une perspective interdisciplinaire pour laquelle la logique ternaire présente des avantages certains[2]. L'intuition et la mise en forme de la schématisation ternaire originale proposée ici (Cosinschi, 1995) est présentée et développée de manière transversale.

---

[2] Ne serait-ce qu'en référence, par exemple, aux idées développées au congrès de Genève de l'Association internationale de sémiotique de l'espace (Pellegrino, 1994), ou encore aux réflexions du Centre International de Recherches et Etudes Transdiciplinaires et plus particulièrement à travers les interrogations du projet CIRET-UNESCO et l'évolution transdisciplinaire de l'Université.

Si on adopte l'idée que toute pensée implique une logique, une façon d'organiser et de valider un principe de cohérence qui assure la liaison des concepts en interaction langagière, le but de toute la réflexion qui va suivre ne sera pas de faire de l'épistémologie en tant que telle mais plutôt d'utiliser une certaine épistémologie, pour l'appliquer ensuite à des domaines concrets de la connaissance. La manière de trouver dans le champ épistémologique le schéma ternaire qui traverse implicitement et explicitement le discours et le faire entrer en résonance avec l'objet d'étude sera l'enjeu de ce qui suit.

Tout au long du discours, un schéma topologique référentiel sera convoqué systématiquement dans le texte d'abord par ses deux concepts contraires orthogonaux, le premier horizontal, le second vertical et ensuite par le troisième concept corrélatif inverse diagonal, conformément au modèle ternaire élémentaire *horizontalité\verticalité/diagonalité médiatrice* (fig. 1). Au point «T» se trouve l'optimum du *tiers inclus*, une notion mise en lumière par Stéphane Lupasco (1947, 1989).

Le choix épistémologique ternaire a paru le plus pertinent car tout en étant conclusif par sa diagonale médiatrice, il garde une large liberté d'interprétation. Une logique binaire renvoie tout discours dans un face-à-face alors qu'une logique quaternaire, en quelque sorte l'avatar de la logique binaire, le renvoie aux quatre vents, dans quatre directions cardinales dont aucune n'a de trait topologiquement distinctif pouvant se prévaloir d'un rôle conclusif. Cependant les structures dualistes elles-mêmes sont bien loin d'être symétriques et cette asymétrie peut devenir le principe même de leur fonctionnement. L'antagonisme qui s'exprime dans le jeu de concepts en compétition trouve son équilibre dynamique dans la diagonale intégrative. C'est «le passage du Nord-Ouest» épistémologique, une logique de travers qui se fraye un chemin dans la tête du «tiers-instruit» à double culture, entre les soi-disant «instruits-incultes» des sciences exactes et les «cultivés-ignorants» des sciences humaines (Serres, 1980, 1991)!

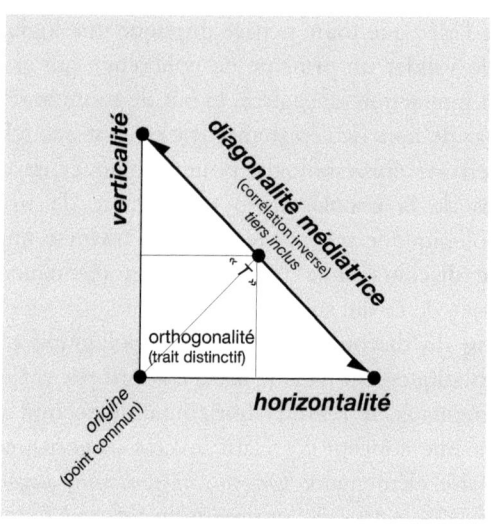

Figure 1: Le modèle topologique ternaire élémentaire:
horizontalité|verticalité/diagonalité

Puisque l'on adopte une schématisation logique ternaire précise comme entrée indispensable pour articuler le discours et que la formalisation logico-topologique de cette logique ne va pas de soi, il est nécessaire d'expliciter l'instrumentation théorique et les règles qui la sous-tendent. Ainsi le chapitre «Des règles pour raisonner: une logique ternaire» permet d'aborder les concepts à l'aide d'un modèle géométrique original visant à déplier les ambiguïtés sémiotiques[3] du «carré» de la logique binaire. Ce modèle triangulaire ne se fonde pas sur la logique des contradictoires, à partir du pôle positif et du pôle négatif d'un même concept, mais plutôt sur la logique des contraires, à partir des pôles positifs de deux concepts apparentés. La résolution épistémologique ternaire émer-

---

3   «Peirce appelle ‹sémiotique› ce qu'en France, à la suite de Saussure, on appelle ‹sémiologie›. En bonne morale terminologique, la sémiotique est la théorie peircienne des signes et la sémiologie la théorie saussurienne des signes. Nous nous en tiendrons à cette distinction». (Deledalle, 1978: 212). Quant à la logique et l'épistémologie, pour des raisons pratiques, nous n'en ferons pas de distinction.

ge dans l'entre-deux des contraires, cheminement du tiers inclus et clé de voûte de l'ensemble. La transition du binaire au ternaire passe par trois étapes: celle de *l'opposition contradictoire absolue (ontologique) et sa logique binaire*, celle de *l'opposition contradictoire relative (axiologique) et sa logique bibinaire* et enfin celle de *l'opposition corrélative inverse (épistémologique) et sa logique ternaire* à travers l'opposition des contraires.

Une méta-triade conceptuelle va s'imposer. Le modèle ternaire qui introduit explicitement un ordre et une hiérarchie dans les concepts, permet au discours de trouver son organisation. Il est l'expression schématique épistémologique la plus globale, surgissant de manière sousjacente dans les topiques conceptuelles des innombrables triades spécifiques. Le méta-modèle ternaire *ordre | hiérarchie / organisation* doit donc être déplié, les termes antithétiques ordre/hiérarchie et leur synthèse médiatisée par l'organisation, tous référencés le plus clairement possible. Cela permet de saisir l'isomorphisme fonctionnel avec la triade médiatique *information | signification / communication* dans laquelle nous baignons tous.

Certains vont peut-être penser que la tentative d'appliquer ensuite à la philosophie le méta-modèle *ordre | hiérarchie / organisation* représente une entreprise osée qui ne débouchera, dans le meilleur des cas, que sur un enchaînement de trivialités, même s'il est cohérent. Le risque est pris et, tout en appréciant la diversité foisonnante de la philosophie, nous pensons qu'un regard épistémologique permet néanmoins de la ramener à au moins deux structures élémentaires ternaires. D'ailleurs le discours philosophique regorge de triades bien qu'il soit, la plupart du temps, difficile de saisir si elles sont vraiment organisées suivant un ordre et une hiérarchie intentionnelles.

Dans son livre *Les philosophes de la triade*, Michel Piclin (1980) propose d'ailleurs une lecture de la philosophie. Ainsi toute l'histoire de la philosophie serait une aventure de la triade, qu'on pourrait poursuivre sans interruption depuis les moments les plus reculés jusqu'à aujourd'hui, aventure à laquelle sont associés les plus grands philosophes sans exception. Tous ont exprimé leur profonde conviction philosophique sous forme de triades. Que pouvons-nous ajouter? Simplement, mais explicitement, que parmi toutes les triades philosophiques, celles qui sont les plus importantes, celles qui organisent véritablement le champ du discours philosophique, sont nécessairement de type logique ternaire, c'est-à-dire basées sur deux concepts contraires, médiatisés (corrélés) par un troisième concept tiers inclus (*correlatio oppositorum*). Ces triades nombreuses ne sont malheureusement pas prises en compte de manière claire et explicite dans le discours philosophique binaire dominant. En partant du principe épistémologique de la triade *ordre | hiérarchie / organisation*, on peut proposer un essai de modélisation conceptuelle ternaire capable de faciliter la compréhension de la philosophie, ne serait-ce que pour ceux qui y sont intéressé sans être philosophes. On se concentrera ainsi sur seulement deux structures élémentaires philosophiques, parmi les nombreuses possibles: *avoir | être / connaître* et *matérialisme | idéalisme / phénoménologie*.

Il est aussi intéressant, cherchant un langage dont les règles et la cohérence se doivent d'être affirmées le plus largement possible, de saisir comment une géométrie des formes permet de passer à une géométrie des relations. Le triangle rectangle isocèle, non un triangle-chose mais un *triangle-fonction*, permet cela plus que tout autre. Le petit écart vers la géométrie et la coordination cartésienne n'aura donc d'autre but qu'un éloge de la position logique de l'entre-deux diagonal, de l'hypoténuse permettant la relation, la fonction et la corrélation conceptuelles. Enfin un objet banal, une image, celle de la carte géographique, trouvera dans la logique ternaire l'expression la plus prégnante de sa structure et de l'organisation de sa fonction. C'est par son articulation conceptuelle stricte, simple et claire que le modèle ternaire paraît capable de donner la cohérence logique nécessaire non seulement à la sémiotique et à la philosophie, mais par voie isomorphique, aux autres disciplines en ouvrant la voie de l'interdisciplinarité menant à terme à la transdisciplinarité[4].

---

4   Il paraît paradoxal, mais néanmoins vrai, que la transdisciplinarité doit se trouver réminiscente à l'intérieur de toute discipline d'où il faut simplement savoir la révéler: «Neither interdisciplinarity, nor multidisciplinarity, but the notion to be extended to *infinitdisciplinarity* (or total-disciplinarity), in order to form a *global discipline* – emerged from every single discipline in order to form an all-comprehensive theory applicable back to its elements, which gave birth to it» (Smarandache, 1999, 2000, 2003: 38).

Chapitre 1

Des règles pour raisonner: une logique ternaire

> «[...] en devenant propositionnel, le concept perd tous les caractères qu'il possédait comme concept philosophique, son auto-référence, son endo-consistence et son exo-consistence.»
>
> Gilles Deleuze, Félix Guattari, *Qu'est-ce que la philosophie?*, 1991: 130.

Par la reconnaissance du champ propre au déploiement de la pensée, nous assumons l'autorité conférée aux concepts, leur accordant toute rigueur dans une configuration topologique que l'on désire ici, en termes explicites, ramener à l'essentiel. Car avant l'analyse du discours, il faut faire l'analyse des concepts pour leur donner une compréhension maîtrisée. Expliciter une instrumentation théorique permet de déplier des ambiguïtés et de travailler les concepts tant avec les mots qu'avec la géométrie dans le dessein d'articuler une «constellation cognitive, où tous les termes sont reliés par des connexions souples, solidarisés en système théorique» (Boudon, 2002: XVIII-XIX). Cette introduction à une logique ternaire, à la schématisation qui se veut à la base de l'approche construit évidemment, à travers les mots[5] utilisés et la représentation privilégiée, des objets de discours. Mais si l'on crée inévitablement des objets par le discours, alors au moins tentons de leur accorder un sens. Un sens qui soit univoque et explicite, pour améliorer la précision des concepts (et donc leur pouvoir discriminant) mais aussi et surtout les relations, solida-

---

5   Considérant, tel Stéphane Lupasco (1970: 75), que «le mot est le lieu de rencontre entre le continu et le discontinu, le vivant et le pensant, l'actualisation et la potentialisation, l'homogénéité et l'hétérogénéité», considérant, dans les pas de Charles S. Peirce (1978), que le langage est cette fonction qui permet le contact entre l'homme et la réalité, dans l'acte pragmatique de la communication.

rités et connexions qu'ils entretiennent[6] (ce qui fait tenir ensemble), ouvrant à des questionnements, proposant une herméneutique en lieu et place d'une simple description des faits. Tout en étant au cœur de notre raisonnement, la conceptualisation n'est pas un but en soi, mais moyen, détour nécessaire, source indispensable d'où «le concret coloré surgit de l'abstrait gris; le multiple s'échappe de l'un comme un essaim de colombe d'un chapeau d'illusionniste; la vie ressuscite du format» (Serres, 2004: 218). C'est pour avoir subi la discipline rigide des concepts qu'en fin de compte on appréciera peut-être davantage la liberté d'expression et le bonheur des métaphores de la vie qui va.

Le schéma épistémologique qui sera développé tire son intérêt du simple fait qu'il n'est pas le seul de son espèce, loin de là. En effet, tous les domaines de la connaissance humaine peuvent être systématisés en des schémas logiques ternaires, utiles si l'on veut «bien conduire sa raison dans la connaissance des choses, tant pour s'instruire soi-même que pour instruire les autres» (Julia, 1984: 158). Mais utiles aussi pour comprendre que par-delà les différences qualitatives de contenu, si marquées entre les discours des divers domaines de la connaissance, il puisse y avoir une invariance structurelle, une uniformité formelle, une épistémologie d'une grande généralité. Une épistémologie prise, souligne Grégory Bateson (1996: 316), comme «[…] le grand pont qui relie toutes les branches du monde de l'expérience – intellectuelle, émotionnelle, observationnelle, théorique, verbale et non verbale. Le savoir, la sagesse, l'art, la religion, le sport et la science sont tous reliés par cette clé de voûte qu'est l'épistémologie. Nous nous tenons à l'écart de toutes ces disciplines tout en étant au cœur de chacune». Pour penser certaines choses, et selon l'adage de Bruno Queysanne (1996: 48-49), «c'est du Muthos dont nous avons besoin», cet *œil de l'esprit*[7] entre logos et topos, qui nous invite à considérer la réalité comme une dualité complémentaire dans une relation médiatisée qu'il est nécessaire d'expliquer.

---

6   Boudon (2002: XIX) dirait qu' «ils s'*entre-tiennent* pour former une *théorie* scientifique» puisque «la consistance et la valeur heuristique d'une théorie sont avant tout affaire de solidarité […] donc affaire de découpages, d'articulations, de connexions».

7   En référence à Merleau-Ponty (1964).

L'approche adoptée peut être qualifiée de structurale, et non pas structuraliste, en ce qu'elle s'intéresse à une «conception différentielle et relationnelle des catégories», à «une pure identité de position, définie par relation» (Quéré, 1993: 25), et faisant «de la valeur positionnelle des unités le résultat d'une authentique *morphogenèse* de la matière signifiante» où la catégorie de la relation prime sur celle de la substance, les unités étant définies et déterminées par l'action catégorisante elle-même, qui fait émerger du discret hors du continu, à l'aide d'une forme (Petitot, 1985: 64-65). «Catégorie et concept ne peuvent en aucun cas être distingués puisqu'ils sont, en pratique, les deux faces irrémédiablement liées de la ‹fonction de relation› qui organise la constitution même de la connaissance» (Ogien, 1993: 263). Cette approche cherche à se soumettre à certaines règles:
– elle doit être essentiellement conceptuelle et pour ce faire la textualité discursive est mise au service du processus interprétatif;
– elle doit être formellement explicite car son but est d'appréhender l'invariance structurelle de tout discours malgré (au-delà de) sa diversité qualitative;
– elle tentera d'être conceptuellement univoque, topologiquement triangulaire et fonctionnellement triadique.

Tout se base sur les concepts[8] considérés innés et antécédents (Chomsky, 1973; Pinker, 1999) à la textualité et son langage symbolique qui en découle par acquisition épigénétique (Dehaene, 2007), suivant en cela plutôt Noam Chomsky que Jean Piaget dans le débat classique de 1975 sur les théories du langage (Piattelli-Palmarini, 1979). Raisonner, isoler «des concepts qu'on utilise de la nébuleuse d'homonymes, de métaphores, de métonymies, de symboles, d'amalgames, de connotations,

---

8   Sur le concept, voir «Qu'est-ce qu'un concept?» chez Deuleuze et Guattari (1991: 21-37) dont nous relevons: «[…] le concept est affaire d'articulation, de découpage et de recoupement» (ibid.: 21). «Un concept n'exige pas seulement un problème sous lequel il remanie ou remplace des concepts précédents, mais un carrefour de problèmes où il s'allie à d'autres concepts coexistants.» (*ibid.*: 24) ou encore «Le concept est le contour, la configuration, la constellation d'un événement à venir» (*ibid.*: 36).

etc., qui les environnent dans la langue» (Dowek, 1995: 12) devient ainsi la clé de voute de notre réflexion[9].

Le modèle proposé ne se fondera pas sur la logique des contradictoires, pôle positif et pôle négatif d'un même concept mais plutôt sur *les deux pôles positifs de deux concepts apparentés*, donc contraires; la virtuosité étant de trouver et de légitimer le vrai couple de concepts contraires. Finalement et nécessairement, c'est une résolution épistémologique ternaire qui s'impose, une logique en trois termes car ce qui importe fondamentalement, c'est *l'entre-deux des contraires*. Celui-ci n'est pas un point mais un cheminement aller-retour qu'on nomme *voie oblique*, voie de travers, tiers inclus, *tertium datur*. Pour saisir la nécessité de la logique ternaire, on partira d'un exemple élémentaire appartenant à la logique binaire afin de montrer sa conversion nécessaire au ternaire. Par exemple, on prendra le couple *ordre* et *désordre* donné fréquemment comme contraire, mais en réalité contradictoire relatif entre les deux pôles d'un même concept, où le pôle positif est l'ordre et le pôle négatif est le désordre. Le carré sémiotique construit en partant de cette contradiction possède alors les quatre pôles suivants: *ordre-désordre* sur l'horizontale d'en haut, *non-ordre, non-désordre* sur l'horizontale d'en bas (fig. 4).

9   Dans l'ouvrage de Nathalie Janz, à propos de l'œuvre philosophique d'Ernst Cassirer et de son épistémologie, on retrouve l'idée communément admise de la «généralité» du concept. Cassirer, souligne Janz, «reformule cette conception en qualifiant le concept de ‹point de vue› (*Gesichtspunkt*) qui englobe des contenus aussi variés que ceux de la perception, de l'intuition et de la pensée pure. Mais il ne faut pas limiter le point de vue à une orientation sur les choses, le concept est aussi une ‹façon de voir› qui, comme la pensée dans un mouvement auto-réflexif, peut s'interroger sur elle-même» (Janz, 2001: 242). Plus loin, elle met en évidence que pour Cassirer, rompant avec l'idée commune qu'il soit purement abstractif, «le concept *crée* de nouvelles associations entre les phénomènes, les coordonne de façon spécifique. En définitive, le concept est ‹bien moins abstractif que *prospectif* […]» (*ibid*.: 243) et plus loin encore: «Cassirer opère […] une hiérarchisation dans laquelle le concept ‹est le suprême échelon auquel la connaissance s'élève dans le progrès de la conscience objective› […]. Le concept est la clé de voûte qui unifie les différentes phases de la saisie intuitive» (*ibid*.: 244). Enfin «on ne peut donc reconnaître un objet sans avoir conscience de sa règle d'unification et de la mise en relation de la multiplicité intuitive» (*ibid*.: 245).

Si l'on passe maintenant à un véritable couple de contraires qui doit régir le discours conceptuel, il faut nommer le vrai contraire de l'ordre qui évidemment n'est pas son propre pôle négatif. Quel est ce terme positif qui soit apparenté à l'ordre, tout en étant différent? C'est la hiérarchie et seulement la hiérarchie. La *hiérarchie* et l'*ordre* sont deux concepts contraires qui ont un point commun dans l'origine, *coincidentia oppositorum*[10] de l'*anarchie* et du *désordre* et une différence, un trait distinctif, leur orthogonalité.

Ce n'est ni dans le carré logique d'Aristote, ni non plus chez ceux qui l'ont développé durant des siècles jusqu'à François Chénique (1975), qu'on trouvera une logique des véritables concepts contraires, seule véritablement ternaire. On ira chercher cette possibilité plutôt dans la sémiologie de l'école de Paris, chez Greimas et son «carré logique» ou sémiotique valorisant – de manière remarquable du point de vue de la force explicative – *l'axe sémantique* qui à notre sens représente la liaison contraire corrélative entre *l'ordre* et la *hiérarchie*. On verra ainsi que les autres deux points du carré sémiotique rétrécissent leur rôle en se rapprochant l'un de l'autre pour faire finalement point commun et transformer le carré sémiotique en triangle sémiotique. Pour réussir ce tour de force épistémologique, on utilisera au départ le carré sémiotique de François Nef (1976b) qui couple de manière binaire, sur l'axe sémantique, le concept d'*ordre*, non pas avec son véritable contraire la *hiérarchie*, comme nous nous y attendions, mais avec le *désordre* son contradictoire relatif. C'est pour cela que le carré logique *ordre-désordre, non-ordre non-désordre* de Nef va faire l'objet d'une systématisation ternaire dans le but d'acquérir une véritable fonctionnalité conceptuelle, dont la corrélation diagonale *ordre/hiérarchie* sera l'*organisation*.

---

10   *Coincidentia oppositorum:* «co-occurrence des opposés en même temps et même lieu qui ferait la preuve de leur compatibilité» (Bovelles, 1984: 195) et typiquement binaire. Dans une vision ternaire, elle est une coïncidence annihilatrice des «pôles négatifs» de deux opposés apparentés dans leur point commun originaire.

Chapitre 2

De la nécessité d'une approche conceptuelle

«Le concept contient la définition, mais lui est antérieur.»
Antoine de Saint-Exupéry, *Carnets*, 1953: 103.

En partant du milieu, à travers un discours médiateur, on reconnaît la contribution qu'ont pu apporter Robert Blanché (1966) ou encore Gilles Deleuze (1991). L'un et l'autre saisissent que le discours philosophique (et nous dirons le discours épistémologique) n'utilise la textualité ou la rhétorique que dans la mesure où elles sont nécessaires pour faire passer la figure, la figuration conceptuelle. Tous deux montrent qu'il s'agit chaque fois d'une logique de l'entre-deux, Blanché parlant même d'un «tiers inclus». La seule chose qu'on pourrait ajouter ici est que ni l'un ni l'autre ne proposent de configuration topologique conceptuelle. Par exemple, on voit que Deleuze utilise parfois le mot *centre* pour le *milieu* en disant que c'est «l'entre-deux» et pour donner une spécificité à cet entre-deux, il propose que ce soit le point-immanent[11]. Or si l'on s'en tient vraiment à une configuration conceptuelle topologique des contraires, véritable «entre-deux», le centre et l'immanence de Deleuze ne peuvent être qu'à l'origine. De même chez Blanché: lorsqu'on affirme que la logique est ternaire et que l'on propose un tiers inclus, la solution n'est pas heureuse puisqu'en soulignant la faiblesse de la logique binaire, ou bi-binaire du carré logique, Blanché rajoute des côtés. Il en propose six en fait, au lieu

---

11 «[...] ce qui est au centre de l'intuition deleuzienne, soit l'idée d'immanence et de milieu» (Mengue, 1994: 15). Signalons, mais sans développer, que ce n'est pas pour nous l'immanence qui est au milieu mais *l'existence* aujourd'hui et maintenant, l'immanence étant à l'origine. Voir aussi le chapitre III. «La pensée du milieu» (*ibid.*: 28-33), pour la mise en évidence de la notion d'immanence chez Deleuze.

d'en faire une systématisation plus économe. Six, c'est déjà trois concepts de trop. Ne faudrait-il pas dès lors tenter une logique ternaire dont le modèle n'est pas le triangle parfait équilatéral utilisé fréquemment comme support des propos en trois termes, mais une structure ayant nécessairement un élément symétrique et un élément asymétrique afin qu'à l'intérieur de sa figuration, on puisse trouver une rupture, une discontinuité, une rythmicité qui lancent le mouvement, la dynamique épistémologique: le *triangle rectangle isocèle* est ce modèle? Ce qui importe n'est pas la figure, la longueur de ses côtés ni celle de l'hypoténuse, mais la possibilité de visualiser l'*orthogonalité* des concepts contraires, leur point-*origine* commun et la *diagonalité*, voire le caractère de *correlatio oppositorum* de la résolution conceptuelle ternaire. Ceci dans un but qui se veut explicitement fonctionnel et non pas évolutif et finaliste, qui prendrait alors la direction de la bissectrice.

Quelle que soit la discipline, c'est le méta-modèle ternaire, d'*ordre*/*hiérarchie*/*organisation* qui pourra réaliser la systématisation épisté-mologique du discours. Si on peut donner des noms différents selon les domaines d'application aux termes d'*horizontalité*, de *verticalité* et de *diagonalité*, ils relèveront toujours de *l'ordre*, de la *hiérarchie* et de *l'organisation*. Evidemment le plus important c'est la diagonalité, l'entre-deux, le tiers inclus, un long chemin de traverse entre contraires, entre le sommet d'un concept au sommet de l'autre concept, l'un étant considéré comme horizontal et l'autre vertical. Sur ce cheminement oblique aller-retour, le point de chute, le point d'équilibre est à mi-chemin (au point «T»), là où ils ont leur valeur équilibrée. Répétons-le, le but n'est pas de fétichiser l'image du triangle rectangle isocèle mais bien ses potentialités fonctionnelles, ses angles, ses sommets et ses points d'intersection, en d'autres termes ses singularités topologiques. Dans cette conceptualisation, il ne s'agit surtout pas d'utiliser le triangle parfait, le triangle équilatéral qui telle une icône figée ne peut avoir de fonctionnalité: quelle que soit sa position, on ne sait par où l'intégrer dans une dynamique fonctionnelle. En fait, ce n'est pas l'image du triangle qui nous importe, mais la possibilité d'intégrer une fonctionnalité dans une figure élémentaire raisonnée. Si chaque concept est nommé de manière univoque et représenté sous la forme d'une droite dont les extrémités représentent les pôles, la relation entre des concepts sera représentée par des intersections et des angles. Finalement, on aura affaire à des structures topologiques qui contiennent des droites et des angles, lesquels sont simultanément et consubstantiellement des concepts fondateurs: par exemple l'origine, l'horizontalité, la verticalité, l'orthogonalité, la diagonalité, etc. Le triangle rectangle isocèle ne sera pas alors un triangle-chose, il sera un *triangle-fonction*, un système de coordination de la pensée, fait d'*ordre*, de *hiérarchie* et donc d'*organisation*.

2.1 La virtuosité des contraires

> «Les contraires sont la substance de la respiration de l'homme.»
> Emil Michel Cioran, *Œuvres*, 1995: 499.

La logique ternaire dépend de la justesse avec laquelle on identifie les contraires. Octave Hamelin (1907), nous rappelle Piclin (1980: 16-17), affirmait contre Hegel: «le point de départ de la démarche catégorielle ne doit pas être cherché dans l'opposition binaire des termes *contradictoires*, mais dans celle de deux termes *contraires*» complémentaires «ceux qui appellent précisément un troisième terme». Prendre le couple conceptuel d'*ordre/désordre* pour contraire et le monter en puissance par la force rhétorique n'est pas conceptuellement productif et son mi-chemin n'est pas la route du tiers inclus. Pour trouver le véritable couple de contraires, il faut vraiment prendre en compte les pôles positifs des deux concepts qui sont le plus près l'un de l'autre tout en étant différents, c'est-à-dire, dans notre référentiel topologique, qui ont un point commun dans une relation orthogonale, expression conceptuelle de l'asymétrie complémentaire universelle (Close, 2001). Ces concepts que l'on peut considérer coordonnateurs de la logique ternaire sont probablement le mieux exprimés sous la forme du couple *ordre/hiérarchie*. Faire de la hiérarchie le contraire de l'ordre? Paradoxe? La hiérarchie est presque la même chose que l'ordre, et d'ailleurs beaucoup les confondent, car ils ont un *point commun* – le degré zéro de l'ordre coïncide avec le degré zéro de la hiérarchie –, et un seul *trait distinctif* – l'orthogonalité, un concept étant horizontal, l'autre vertical. Une fois saisi le fait que ces deux opposés sont un couple orthogonal ayant un point commun à l'origine et deux axes indépendants, on aura saisi aussi que tout le schématisme ternaire joue sa virtuosité dans le champ de liberté existant entre les deux pôles positifs qui sont à distance et en interaction, en *correlatio oppositorum* sur la ligne diagonale. On peut nommer ce troisième concept: l'*organisation*. Elle possède une voie qui va de l'ordre vers la hiérarchie et une voie qui va de la hiérarchie vers l'ordre. A une extrémité, il n'y a que de la hiérarchie, à l'autre il n'y a que de l'ordre. L'important est d'avoir à la fois ordre et hiérarchie, les deux s'équilibrant à mi-chemin sur la diagonale dans le point «T», conjonction dynamique optimale des contraires. On peut ainsi déjà proposer la schématisation du méta-modèle *ordre|hiérachie/organisation* (fig. 2).

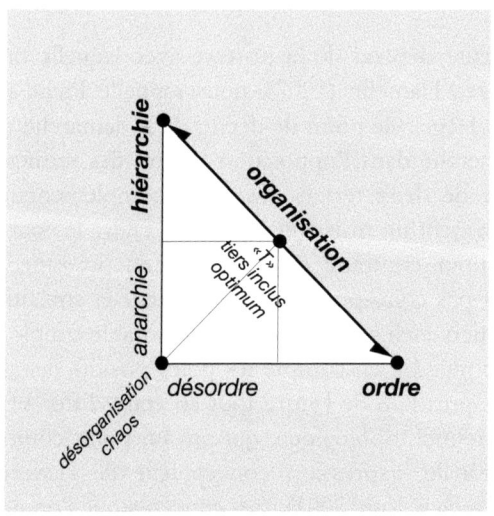

Figure 2: La schématisation ternaire du méta-modèle
ordre|hiérachie/organisation

Au niveau des applications, on partira ainsi d'une prémisse ternaire, chaque fois ternaire au niveau de la forme et du contenu. Mais d'abord, afin de démontrer comment y parvenir, il faut partir d'un cas exemplaire de logique binaire que l'on va déconstruire et systématiser sous une forme schématique ternaire, avec le changement indispensable au niveau conceptuel. Ce schéma ternaire va présider à l'organisation de toutes les triades concrètes. On parlera toujours des formes de l'*ordre*, de la *hiérarchie* et de l'*organisation* dans un champ particulier d'application, qu'il soit physique, biologique, humain. A ce titre le modèle *ordre / hiérarchie / organisation* est un méta-modèle.

Afin d'atteindre cette logique ternaire il est donc nécessaire, en premier lieu, de faire un détour par la logique binaire – et son dernier avatar, la logique quaternaire (bi-binaire) –, autrement dit par le carré sémiotique classique pour le défaire de l'intérieur. La logique ternaire en émergera, devenant un instrument plus puissant encore de systématisation de la connaissance du sens.

Contradictoire/contraire

«Il est difficile de dire le contraire.»
Raymond Ruyer, *La gnose de Princeton*, 1974: 21.

Si on ne trouve pas les deux concepts capables de créer un tiers inclus, une corrélation, parce qu'ils ne sont pas apparentés et n'ont donc ni point commun ni trait distinctif, alors le discours restera sur l'axe d'un seul concept, forcément contradictoire et ne pourra que «courir» d'un bout à l'autre de ce vecteur. Ce type d'entre-deux ne pourra donc pas organiser véritablement le discours.

Si, par contre, deux concepts différents sont apparentés, et seulement si, on a alors des points, des lignes et des pentes dont l'agencement exprime le champ des possibles conceptuels qui organisent le discours de manière ternaire. Les trois points qui suivent expriment, de manière succincte, son déploiement:
- d'abord, les deux concepts, du point de vue interne, sont contradictoires, c'est-à-dire que chacun possède un pôle positif (présence) et un pôle négatif (absence). Par exemple *hiérarchie / anarchie* ou encore *ordre / désordre;*

- ensuite, les deux concepts contradictoires ont un point commun, l'origine (*désordre/anarchie*), et un trait distinctif à savoir l'orthogonalité (*ordre/hiérarchie*);
- enfin, dans le point commun, l'origine, où se trouve le degré zéro des deux concepts, il y a *coincidentia oppositorum* (*désordre/anarchie*, donc *désorganisation*) tandis qu'à l'autre bout, les deux concepts (ordre/hiérarchie) sont en interaction externe, diagonale à distance par l'intermédiaire d'un tiers-concept (*organisation*) qui est la véritable *correlatio oppositorum*. Ce concept de type contraire constitue la clé de voûte de la logique ternaire. Les deux pôles du concept contraire sont positifs et par conséquent trouvent leur équilibre à mi-chemin de la diagonale, au point «T» (tiers inclus optimal).

La triade *origine, orthogonalité, corrélation* fait écho à la triade peircienne *priméité, secondéité, tiercéité* (Peirce, 1978), dont l'expression intuitive convenable n'est pas le triangle équilatéral, pourtant si fréquemment pris en exemple, entre autre par Nicole Everært-Desmedt (1990), mais le triangle rectangle isocèle puisque la potentialité de la priméité du *representamen* est l'*origine*, la secondéité de l'*objet*, dans son double sens immédiat et dynamique, est *orthogonalité* tandis que la tiercéité de l'*interprétant* est *diagonalité*, conformément à son rôle médiateur, tiers inclus corrélatif, organisateur du processus sémiotique et donc du sens de la pensée et de sa communication.

Il découle de tout ceci que si le discours reste seulement sur l'un ou l'autre des axes conceptuels orthogonaux, dans notre exemple l'*ordre/désordre* ou la *hiérarchie/anarchie*, on se trouve à l'intérieur de la logique de l'opposition contradictoire donc à l'intérieur d'un seul et unique concept. Comme le discours a horreur des extrêmes, telle la nature du vide, tout va se jouer entre les deux pôles, en nuances d'ordre et de désordre, de hiérarchie et d'anarchie. En rhétorique, on peut dire qu'on fait apparemment dans la *correlatio oppositorum* et le discours va car il n'est pas obligé de justifier le choix des concepts ni le type d'opposition qu'ils entraînent. De plus l'utilisation fréquente et commode d'antagonisme ou de conflit ne fait qu'embrouiller la différence entre contradiction et contrariété. Il n'en est pas de même dans le discours épistémologique dont le souci primordial est le choix même des concepts qui structurent le discours avec la préoccupation explicite de rendre leur lisibilité visible. On constatera qu'il n'y a ni *coincidentia oppositorum* ni *correlatio oppositorum* entre les deux pôles d'un même concept contradictoire. Entre *ordre* et *désordre* ou entre *hiérarchie* et *anarchie*, conformément à la logique binaire, tout tiers conceptuel est exclu par principe.

C'est ainsi qu'une analyse explicitement épistémologique d'un discours qui traite, par exemple, de la relation entre la transparence et l'opacité (opposition contradictoire relative)[12], à propos de quoi que ce soit et en premier lieu de l'image, mobilise toutes les ressources des figures de styles et prend tous les détours possibles pour trouver sens et résolution. Elle ne le réussit qu'en quittant son champ contradictoire pour basculer, sans le vouloir et sans le dire explicitement, dans l'opposition contraire corrélative entre la transparence et le miroitement : l'obscurité absolue au point *coincidentia oppositorum* originaire est là où le miroitement sans reflet est matité et la transparence sans limpidité est opacité, et la corrélation translucide-diaphane est le tiers concept médiateur (fig. 42).

La figuration, en traversant le plan du diaphane et du translucide, devient une *trans-figuration* de nature relationnelle, un entrecroisement conceptuel. Au milieu de la diagonale de la transparence et du miroitement, dans le diaphane et le translucide, se trouve le point «T», optimum

---

12 Beaucoup construisent un discours sur l'opposition binaire *transparence/opacité*. Si le discours se passait simplement entre la transparence et l'opacité, on n'aurait rien à dire de cet entre-deux puisqu'il n'aurait pas d'épaisseur propre, ni de valeur d'interface active puisque le rapport entre transparence et opacité est une dilution des deux pôles d'un même concept contradictoire, l'opacité étant le manque de transparence. Tant que le discours ne vise pas de but épistémologique, le couple *transparence/opacité* est à l'œuvre un peu partout, mais il est, d'une certaine façon, sans s'en rendre compte un discours détourné sur le *translucide-diaphane* parce que l'abus de réflexion spéculative est pris à tort pour de la spécularité ou du miroitement. Dans un discours épistémologique, ce cache-cache avec l'opaque n'a pas de sens dès lors que le concept contraire de la transparence, le miroitement, est nommé explicitement et que l'opacité se retire dans le point d'origine de l'obscurité où il est en *coincidentia oppositorum* avec la matité.

du tiers inclus, l'endroit privilégié de la «clairière du regard». C'est le *translucide-diaphane* l'important, écart libérateur ou naît le concept de *tertium datur* ou du moyen terme, corrélation de *transparence/miroitement*, et non pas une relation quelconque entre transparence et opacité[13]. On peut

13   Pensons à l'esthétique iconophile par exemple. L'icône sacrée est médiation, elle opère par ressemblance formelle entre ce qu'elle donne à voir et l'Infigurable Présence qui s'y manifeste; elle est ressemblance et symbole sensible du divin dont elle offre une voie d'approche spirituelle et mystique. L'icône est aussi iconoclaste si on entend par là qu'elle refuse et brise un certain type d'image, celle du miroir naturaliste, du miroir des apparences narcissiques, se refusant «à imiter ‹au miroir› le visible ramené à lui-même», prospectant dans le sensible «une imitation des choses de là-bas» (Duborgel, 1997: 14-15). L'image, à l'instar de l'icône, de la peinture ou de la carte géographique a vocation transfigurative en remaniant le miroitement banalement spéculaire et la transparence du sensible banalement apparente, tentant une réécriture dans un mouvement de formes simplifiées. Mais contrairement à l'art sacré de l'icône, l'art (semble-t-il depuis le XIIIe siècle du moins) et la cartographie n'ont pas vocation à capter les reflets du divin et à en manifester la ressemblance. La métamorphose du visible qui est en jeu travaille différemment; la transfiguration est hantée par un rapport à une autre perception, à d'autres enjeux et charges symboliques. Parler d'une *image*, qu'elle soit peinture ou carte, comme d'une icône, inscrit dans ce «comme» toute une distance en même temps que des affinités et des équivalences à l'intérieur même de leur différence radicale. C'est encore une fois toute la distance entre la transfiguration de l'objet banal et celle de l'image sacrée de la transfiguration divine.
L'œuvre visuelle n'est pas transparence objectale, ni pure réflexion spéculaire subjective, quelles que soient les qualités de l'artiste. C'est une *transfiguration fonctionnelle* car son point d'équilibre optimum se trouve à mi-chemin – point «T» – sur la voie oblique de la diagonale. Ceci distingue l'œuvre d'art et la carte géographique de la *transfiguration transcendantale* et son archétype qu'est l'icône. A la différence de la figuration banale de l'objet réel, l'icône est une transfiguration métaphysique, voire mystique, qui topologiquement se trouverait au bout de la bissectrice de la transparence et du miroitement, dans le point de lumière éblouissante, de «lumière sans déclin» de la transcendance. Ceci permet de distinguer la *transfiguration fonctionnelle* de la *transfiguration transcendantale*. D'une certaine façon l'icône n'est pas notre projection. Elle nous vient du point oméga, de la lumière éblouissante et aveuglante qui fait que le représenté, être transcendant, est invisible et infigurable. «Peint la ressemblance de l'invisible» dit Jean Damascène. «Fenêtre sur l'invisible», la transfiguration de

toujours dire, ou faire croire – en jouant de la polysémie – qu'il y a du diaphane entre le transparent et l'opaque; épistémologiquement, c'est une erreur.

Coincidentia oppositorum et correlatio oppositorum

Rappelons, pour s'imprégner, que l'opposition contraire apparaît dans le cas où deux concepts, en soi contradictoires, entretiennent l'un avec l'autre une relation puisqu'ils sont apparentés, c'est-à-dire qu'ils ont un point commun, l'*origine*, et un trait distinctif, l'*orthogonalité*. Le tiers concept contraire toujours oblique, *diagonal*, est la distance qui lie les deux pôles positifs des concepts apparentés. Il est *correlatio oppositorum*, comme l'est par exemple le concept d'organisation.

La *coincidentia oppositorum* est, par contre, le point commun des pôles nuls, «négatifs», le «zéro» des deux concepts orthogonaux apparentés qui ouvrent, à l'autre bout «positif», la possibilité du tiers-concept contraire corrélatif. La véritable *coincidentia oppositorum* possède ainsi une dimension originaire appartenant à la logique ternaire. Il est important de le signaler car ce n'est pas le cas fréquent de la fausse *coincidentia oppositorum* représentant l'intermédiaire, le mélange, le *dilutio oppositorum* entre les deux pôles d'un même concept contradictoire relatif.

A travers la rhétorique, on peut tirer autant de profit de la véritable *coincidentia oppositorum* que de la fausse et les figures de style en jouent admirablement; on pourra toujours faire un discours intéressant, à propos du désordre et de l'anarchie, véritable *coincidentia oppositorum*, qu'à propos du mélange, *dilutio oppositorum*, de l'ordre et du désordre, fausse *coincidentia oppositorum*. D'un point de vue épistémologique, les exigences organisatrices sont autres. En travaillant sur les concepts en amont du

---

l'icône est celle d'une «présence», d'un «invisible», d'un «plus grand que nous» (Damascène, 1994). Le terme *icône* vient d'ailleurs de *eik'ôn*, *ressembler*, de «signe qui ressemble à ce qu'il désigne, à son référent»: le processus de visibilité ici se fait ressemblance de l'invisible. La finalité de l'icône est la manifestation sensible du Transcendant sacré invisible, à la différence de l'idole, image visible réelle d'un objet ou d'un être banal et profane, prototype de lui-même, autoréférentiel adoré, imité et consommé (Marion, 2002).

discours, l'épistémologie a pour but de les rendre «clairs et distincts», autrement dit univoques et explicites autant que possible. L'enjeu décisif de l'épistémologie ternaire se joue ainsi tout au début de la réflexion, avant les propositions, au moment où on définit les deux couples des concepts opposés susceptible de créer la contrariété corrélative. Un concept contraire ne possède pas deux pôles, l'un positif et l'autre négatif «zéro», mais deux pôles positifs complémentaires: il est donc un tiers concept médiateur dont la valeur épistémologique optimale se trouve au milieu, à mi-chemin des deux pôles. C'est le cas de l'*organisation* qui émane de la corrélation entre l'*ordre* et la *hiérarchie*[14] – tout en étant plus que l'une ou l'autre ou que les deux ensemble. Emergeant du cœur même de la corrélation, tout en la transcendant, elle est ainsi un tiers concept épigénétique englobant.

---

14   En réalité, tout système autorégulé est traversé de part en part par la tension implicite du désordre et de l'anarchie originaires qui amorce l'actualisation corrélative optimale de l'ordre et de la hiérarchie du processus diagonal d'organisation métastable.

Chapitre 3

Du binaire au ternaire

> «En plus de la pensée *unaire*, si manifeste dans le mythe et le rêve, c'est la *trinité* qui s'est retrouvée, en somme, au cœur de la *binarité*, sans que personne n'ait songé à s'en aviser.»
>
> Dany-Robert Dufour, *Les mystères de la trinité*, 1990: 56.

Le propos, se voulant explicitement épistémologique, sera fondé sur une définition préalable des concepts qui vont entrer en jeu, sur un discours si possible dépouillé et sur une représentation géométrique intuitive des concepts débouchant sur un modèle logique de type ternaire. Ces conditions seront remplies en nommant de manière univoque chaque concept et en le représentant chaque fois sous la forme d'une droite dont les extrémités représentent ses pôles, tandis que la relation entre des concepts sera représentée par des intersections et des pentes. Finalement, on aura affaire à des structures topologiques qui contiennent des droites et des angles, lesquels seront simultanément et consubstantiellement des concepts fondateurs du discours: l'*origine*, l'*horizontalité*, la *verticalité*, l'*orthogonalité*, la *diagonalité*, etc.

Afin de ne pas perdre de vue que tout ceci est posé dans le seul but d'assurer la transition du binaire au ternaire, nous nous emploierons à mettre en œuvre cette topologie en passant par trois étapes successives que nous suggère la nature même des oppositions conceptuelles. Nous les nommons: *opposition absolue, opposition relative, opposition corrélative*. Elles représentent l'aboutissement du questionnement épistémologique ternaire, tout en étant en accord avec les conclusions des auteurs classiques de l'épistémologie, de la logique ou de la philosophie mais aussi des nombreux auteurs dans des domaines spécialisés qui, plus ou moins explicitement, arrivent à la conclusion qu'il faut faire le pari de réussir ce passage conceptuel au ternaire.

Dans la logique classique, le binarisme est considéré comme une dimension structurelle importante (Chénique, 1975: 161) à tel point qu'on peut affirmer sans grand risque d'erreur qu'il représente un postulat de base (Charon, 1983: 136). Il exprime de façon catégorique le fait que les concepts, quels qu'ils soient, ont un caractère relatif, relationnel, qui se manifeste sous la forme d'oppositions réciproques binaires, à la fois internes (de contradictions) et externes (de contraires) car, le souligne François Chénique (*ibid.*: 162), «la notion d'opposition est ainsi une notion d'ordre général, et l'opposition des propositions constitue seulement un cas particulier».

Si la structure logique binaire est sans doute une constante archétypale universelle de la pensée humaine, fondatrice du discours symbolique de tout ordre culturel et même de l'univers entier (Eliade, 1971: 231-311), celle qui nous intéresse ici se réfère à un domaine plus restreint, celui de la linguistique ou plus précisément de la sémiotique.

La logique binaire, malgré l'ascendant exceptionnel d'Aristote, est œuvre plutôt récente. Elle se met en effet en place comme discipline scientifique autonome à l'aube du XXe siècle, à la faveur de l'œuvre structuraliste de Ferdinand de Saussure, reprise en linguistique par Roman Jakobson sous la forme du binarisme phonologique et, dans le domaine de la culture, par Claude Lévi-Strauss dont les travaux sur l'opposition des significations dans la structure du mythe en constituent l'exemple classique (Nef, 1976a: 13).

Si l'aboutissement de la logique binaire peut s'exprimer sous la forme d'un carré obtenu par la coordination entre deux axes conceptuels mis en comparaison, chacun étant binaire (en cela le carré a une logique quaternaire ou bi-binaire), le fondement de la logique binaire se trouve dans l'opposition interne qui s'installe entre les deux pôles d'un seul et même concept. Ce type d'opposition binaire élémentaire se désigne par l'*opposition de contradictoires*.

3.1 L'opposition absolue et sa logique binaire: opposition de contradictoires

L'opposition absolue, connue sous la forme classique d'opposition de contradictoires, est au cœur même de la logique binaire. L'*opposition de contradictoires*, dans le sens aristotélicien, exprime le fait linguistique élémentaire que tout concept et lexis présentent une structure interne dont la caractéristique essentielle est l'«opposition entre l'affirmation et la négation» (Lalande, 1972: 183) de ses deux pôles (fig. 3). La contradiction absolue étant le degré extrême de l'opposition, entre les deux pôles affirmatifs et négatif il n'y a pas de compromis possible: si un pôle existe, l'autre n'existe pas, si l'un est vrai, l'autre est faux. En pratique cela ne les empêche pas, bien au contraire, de se trouver toujours ensemble, ne serait-ce que pour s'affirmer réciproquement en se niant réciproquement. Le couple de contradictoires absolus donne ainsi toute la mesure de son caractère paradoxal.

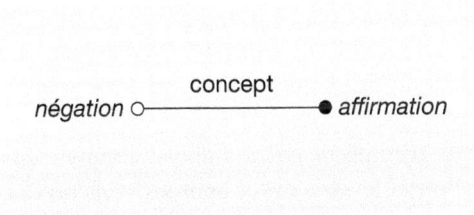

Figure 3: Opposition de contradictoires

C'est le cas de l'*être* et du *néant*. Dans ce couple, archétype de l'opposition de contradictoires, l'affirmation du pôle positif de l'*être* n'a de sens que par l'infirmation (négation) conjointe et formellement catégorique du pôle négatif du *néant* (ou encore *non-être*). Ce rapport philosophique, ontologique, *être/néant* possède un correspondant existentiel largement accepté: le rapport de vie et de mort, car être en vie (vivant) signifie simplement être, tandis qu'être mort, signifie ne pas être[15].

Entre ces deux pôles il ne peut y avoir d'équivoque conceptuelle, mais un antagonisme absolu qu'il convient de respecter à l'aide de trois principes fondamentaux – trois, ni plus ni moins! Sans ces trois principes, l'édifice entier de la logique classique binaire s'évanouirait, du moins d'un point de vue théorique. Ces trois principes fondamentaux (Chénique, 1975: 107) sont ceux de *non-contradiction*, d'*identité* et de *tiers exclu*, ce dernier étant, parmi les trois, le plus important car sa transgression signe l'arrêt de mort de la logique binaire et vient à l'appui, par ce fait même, d'une logique ternaire:

- le principe de non-contradiction postule qu'il est impossible d'affirmer et de nier en même temps, et implicitement au même lieu, la même chose sous le même rapport. Par conséquent l'*être* n'est pas le *néant* et le *néant* n'est pas l'*être*;
- le principe d'identité affirme que ce qui est, est, et ce qui n'est pas, n'est pas. L'*être* est, le *néant* n'est pas;
- le principe de tiers exclu, enfin, postule qu'entre l'affirmation et la négation, il n'y a et il ne peut y avoir de milieu, de tiers: il ne peut y avoir quelque chose qui soit à la fois *être* et *néant*.

Hegel ne s'est pas trompé quand il a choisi comme opposition contradictoire absolue l'*être* et le *néant* car ce sont les seuls pôles conceptuels qui remplissent véritablement les conditions logiques binaires de l'*être en tant qu'être*. C'est précisément l'*être* qu'il a voulu sur-monter dans sa philosophie dialectique, à travers le mouvement du *devenir*, pour le tirer du *néant* du *non-être:*

> Mais la *Vérité* est tout autant non pas la *Non-distinction* de l'Etre et du Néant, mais [le fait] qu'*ils ne sont pas la même chose*, qu'ils sont *absolument distingués;* mais [la Vérité] également [le fait qu'ils sont] *non-séparés* [...] et *non-sé-*

---

[15] «Après tout, il n'existe pas d'intermédiaire possible entre la vie et la mort» (Watzlawick, 1980: 80). Pourtant on peut et on doit envisager un troisième terme à l'interrogation hamletienne «être ou ne pas être». Ce terme est «naître». Il permet de considérer «vivre» tiers inclus entre naître et mourir.

> *parables* [...], et [le fait que], d'une manière-immédiate [...], *chacun* [des deux] *disparaît* [...] *dans son contraire* [...]. Leur *Vérité* est donc ce *Mouvement* [discursif ou dialectique] de la disparition immédiate de l'un dans l'autre [...]; [c'est] *le Devenir* [...], [c'est-à-dire] un Mouvement, où les deux sont *distingués* [l'un de l'autre], mais [...] par une *Distinction* [...] qui s'est *dissoute* [...] d'une – manière tout aussi – immédiate [...] (Kojève, 1991: 248).

Ce «Mouvement» en trois temps – être en soi, être pour soi, être soi – est fait en quelque sorte par le travail positif de la négation car «c'est l'être même et l'être seul qui communique au négatif le positif qu'on y découvre» (Théau, 1990: 92):

> Le négatif de l'être y pose le non-être, à l'intérieur de l'être même et comme identique à lui, quoique, par l'identité propre à chaque terme, il s'en distingue aussitôt et le chasse hors de lui. Puis, en niant par la *Zweite Negation* cette différenciation du non-être, le négatif de celui-ci récupère pleinement l'être qui, attendri en quelque sorte par la première négation, va pouvoir se combiner dynamiquement avec son non-être pour engendrer le devenir. Puis encore, la même cadence de mouvement se répétant toujours, le *Werden* engendrera le *Dasein* avec tous ses membres, le *Dasein* le *Fürsichsein* avec les siens, et ainsi de suite jusqu'à la triade absolue de l'Idée, qui exclut le passage à l'autre car elle assume totalement à l'intérieur de soi son propre négatif, [...] un peu comme Abraham engendrera Isaac, Isaac Jacob et ainsi de suite jusqu'au Christ, bien que, à la différence de ces générations plus humaines, les générations dialectiques deviennent de plus en plus malaisées au fur et à mesure qu'il faut élever le concept dans la généalogie de l'universel concret (*ibid.*: 91).

Si pour Hegel, l'Etre pur et le Néant pur sont la même chose, alors

> la contradiction dont Hegel a voulu faire le moteur de sa dialectique n'est, en définitive qu'une antithèse de corrélatifs ou un antagonisme de contraires exprimés, pour les besoins du système, dans le langage, rendu amphibologique et équivoque, de la contradiction interne. Pourquoi donc Hegel a-t-il voulu envelopper ces antithèses, de termes corrélatifs ou complémentaires et ces oppositions de contraires qui forment constamment [...] la vraie matière de la *Logique*, dans ce langage amphibologique et équivoque de la contradiction interne? (*ibid.*: 255).

Sans doute parce que, par sa formation philosophico-religieuse, mais aussi pour des raisons psychologiques, sa philosophie est optimiste, croyant sincèrement dans l'achèvement, par le progrès, de l'histoire sociale et de la pensée. Restant à l'intérieur du carcan de l'opposition absolue et sa logique binaire en essayant d'amener l'être à sa forme suprême d'achèvement absolu et avec lui, de manière consubstantielle, la philosophie et le monde, Hegel a négligé, du moins explicitement, la voie fertile de la philosophie ternaire plus modeste, de type phénoménologique ou existentialiste, basée sur l'opposition corrélative des concepts. L'ambition de Hegel de donner un fondement exclusivement ontologique à la philosophie est surhumaine car si seul l'*être* existe et que le *néant* n'existe pas, alors une fois affirmé l'*être*, on devrait se taire. Heureusement pour la philosophie si le *néant* comme tel n'est pas, le mot «néant» lui existe bel et bien. C'est ce dernier qui fonde, en tant que concept originaire l'*être* de la même manière que le *manque* fonde l'*avoir*. Dans leur déploiement corrélatif c'est le tiers concept *connaître* de l'entendement humain, qui rend compte de tout ce qu'on peut espérer avoir à être intéressé par la philosophie. Hegel est ainsi considéré avec sévérité un ennemi de la société ouverte[16]. En utilisant l'opposition absolue *être/néant*, de type contradictoire absolu, comme si elle était une opposition corrélative de type contraire, il a voulu faire du ternaire avec du binaire. Cela ne pouvait l'amener à la philosophie ternaire véritable, malgré toutes les triades, mais plutôt à la philosophie moniste, même pas binaire, car si le *néant* n'existait pas, l'*être* resterait tout seul pour en quelque sorte achever l'idée du monde dans le point transcendant final comme réalité, mais aussi comme discours philosophique.

3.2 L'opposition relative et sa logique bi-binaire: opposition de contradictoires relatifs

L'opposition relative doit être considérée une variante de l'opposition de contradictoires[17]. Elle se base toujours sur l'opposition interne entre les

---

16   En référence à *La société ouverte et ses ennemis* de Karl Popper (1979).
17   On le comprend grâce à Carlo Ginzburg (2001): la différence entre l'opposition des contradictoires «dans l'absolu», «selon la substance», qui est celle du couple

deux pôles d'un même concept, l'un positif et l'autre négatif, mais dont l'existence de l'un et de l'autre, de même que leur rapport, ne se pose pas dans les termes absolus et irréconciliables du cas extrême de l'opposition *être/néant*. Ainsi dans le cas de l'opposition contradictoire relative *ordre/désordre*, le désordre existe, ce n'est pas un néant mais simplement le manque d'ordre. Plus généralement, il s'agit du manque de possibilité, du manque de quelque chose, de privation de positivité, dans le sens de *nihil privativum* (Kant, 1987: 299). C'est en commençant justement avec l'opposition conceptuelle contradictoire relative *ordre/désordre*, prise comme contraire dans le «carré normal» bi-binaire (fig. 5) qu'on va considérer les termes contraires, subcontraires, contradictoires et subalternes. Leur ambigüité n'a pas échappé à Algirdas Greimas lui-même qui tout en étant «confiant dans l'existence d'une *sémiologique*, d'une logique propre à la sémiotique, [...] s'est toujours interdit à identifier l' «axe des contraires» et l'«axe des contradictoires» avec les oppositions de la logique traditionnelle. Il n'est pas parvenu pour autant à expliquer la nature des relations que met en jeu le ‹carré sémiotique» (Geninasca, 2005: 127). A leur place on va proposer le triangle logique avec ses propres concepts aussi univoques que possible. Le méta-langage conceptuel ainsi obtenu organisera le discours rhétorique mais sans en faire partie. Ce sont les

---

être-néant et l'opposition relative, en fait de contradictoires relatifs puisque «selon le temps» elle signale une certaine forme de présence, qui est au cœur même de la logique «conceptuelle» d'Aristote, particulièrement dans son traité *De l'interprétation*. Les traductions et commentaires de Boèce (longtemps seule voie d'accès aux écrits logiques d'Aristote) rapportés par Ginzburg, nous éclairent sur l'expression elliptique d'Aristote «dans l'absolu ou selon le temps»: «Cette opposition est rapportée à celle qui distingue les énoncés selon la substance et les énoncés qui ajoutent quelque chose qui ‹signale une certaine forme de présence› (*praesentiam quandam significet*)». Boèce poursuit: «Quand nous disons que ‹Dieu est›, nous ne disons pas qu'‹il est actuellement›, mais seulement qu'il est en substance. Notre affirmation renvoie donc à l'immutabilité de la substance plutôt qu'à un temps quelconque. Mais si nous disons ‹c'est le jour›, nous ne renvoyons pas à la substance du jour mais seulement à ce qu'il est dans le temps: comme lorsque nous disons ‹c'est ainsi› ou ‹c'est maintenant› [...]» (Ginzburg, 2001: 43-44).

notions[18] qui se chargent d'emmener dans la rhétorique discursive les valeurs ontologiques et axiologiques des concepts sous la forme d'un «ensemble des virtualités» s'actualisant dans l'organisation des mots, en suivant les règles propres de l'investissement narratif et ses stratégies

---

18 Tout en s'exprimant sous forme d'opposition binaire comme les concepts, les *notions* sont concrètes, personnifiées ou chosifiées (carpe/lapin, chèvre/choux, cigale/fourmi, chêne/roseau, etc.) et font partie de la rhétorique discursive. La meilleure définition du «domaine notionnel», à la fois relatif mais différent de celui des concepts aussi bien que de celui des mots, de même que son importance intrinsèque, c'est Antoine Culioli (1991: 85-86) qui nous la donne: «Nous n'avons pas [...] une relation d'étiquetage entre des mots et des concepts, mais nous avons ce que j'ai appelé ‹notion›, ce qu'on peut appeler éventuellement ‹représentation structurée›. La *notion* sera distinguée du *concept*, qui a une histoire, par exemple épistémologique (les concepts sont structurés les uns par rapport aux autres dans un univers technique). Lorsqu'il s'agit de notions, nous sommes dans un domaine qui nous renvoie, d'un côté à des ramifications (les notions s'organisent les unes par rapport aux autres: tel animal par rapport à tel autre animal et nous créons forcément des relations entre eux (relations de prédation, d'accompagnement, d'identification). [...] D'un autre côté, il y a foisonnement c'est-à-dire que vous avez tout un ensemble de propriétés qui s'organisent les unes par rapport aux autres, qui sont physiques, culturelles, anthropologiques, et qui font qu'en fin de compte un terme ne renvoie pas à un sens, mais renvoie à – je ne dirais pas à un champ, car un champ est déjà une organisation d'un certain type entre les termes – mais renvoie à un *domaine notionnel*, c'est-à-dire à tout un ensemble de virtualités». Pour comprendre cet emboîtement ternaire de la contextualité *concept-notion-mot*, le meilleur exemple est celui du domaine des fables, archétypes de l'art d'exprimer des vérités générales à l'aide d'un texte court, poétique et moralisant. Dans le cas de la fable «Le Loup et l'Agneau» de Jean de La Fontaine, l'opposition énonciatrice loup/agneau s'actualise comme *notion* et avec elle l'ensemble des virtualités des *mots* de la rhétorique discursive des figures de style poétiques et l'analogie entre l'animal et l'humain. En sublimant la *notion* binaire loup/agneau, le métalangage conceptuel transforme l'opposition contradictoire relative polysémique (fort/faible, bon/méchant, innocent/rusé, etc.) en résolution contradictoire absolue de l'opposition vie/mort exprimée sous la forme d'une mise à mort qui représente la clé du sens de la morale. On saisit que le *concept* est la main invisible de la textualité narrative dans son point culminant, la moralité de la fable («La raison du plus fort est toujours la meilleure»), actualisée sous la forme précise de la mise à mort de l'agneau et pas autrement.

mises à disposition par les figures de style. On obtient donc un enchaînement dans lequel les concepts s'organisent en organisant les notions, lesquelles s'organisent à leur tour, en organisant les mots dans le parcours discursif.

En tout état de cause, l'excès de terminologie structuraliste du carré sémiotique et son «mirage linguistique» appauvri le sujet littéraire (Pavel, 1998). Ce qu'on apprend ce sont «des ‹six fonctions de Jakobson› et les ‹six actants de Greimas›, l'analepse et la prolepse, et ainsi de suite» (Todorov, 2007: 22) et non pas pourquoi «un usage évocateur des mots, par un recours aux histoires, aux exemples, aux cas particuliers, l'œuvre littéraire produit un tremblement de sens, elle met en branle notre appareil d'interprétation symbolique, réveille nos capacités d'association et provoque un mouvement dont les ondes de choc se poursuivent longtemps après le contact initial» (*ibid.*: 74). C'est pourquoi on va renoncer aux multiples termes engagés dans la narratologie structuraliste pour garder seulement ceux qui aideront à la construction de l'opposition contraire corrélative véritable et sa conceptualisation logique ternaire. Cette possibilité est offerte par le carré sémiotique «normal» et ses oppositions *ordre/désordre* et *non-ordre/non-désordre* (fig. 4) de François Nef (1976b: 60) qu'on va transformer, par étapes successives, en triangle logique. Durant cette transition, les concepts vont se décanter et leur systématisation épistémologique ternaire prendre tout son sens.

Dans le carré logique le croisement orthogonal de l'axe binaire d'un concept avec l'axe binaire de l'autre concept opposé, comme dans une sorte de duel sémiotique, donne naissance à la figure géométrique du carré aux sommets duquel on peut lire toutes les relations que ces concepts entretiennent entre eux. Connue sous des noms différents (carré des oppositions, carré d'Aristote, carré sémiotique), elle sera désignée par le terme de *carré logique*, une dénomination fréquemment utilisée pour identifier cette structure élémentaire de la signification, ou plutôt du sens. Dès lors, son approche s'avère nécessaire pour comprendre comment cette forme canonique, en quelque sorte un invariant géométrique du champ sémiotique, fait jouer aux concepts des rôles précis en fonction de la position réciproque qu'ils occupent sur son échiquier. Cela leur permet de fonder tout discours[19] en amont des propositions.

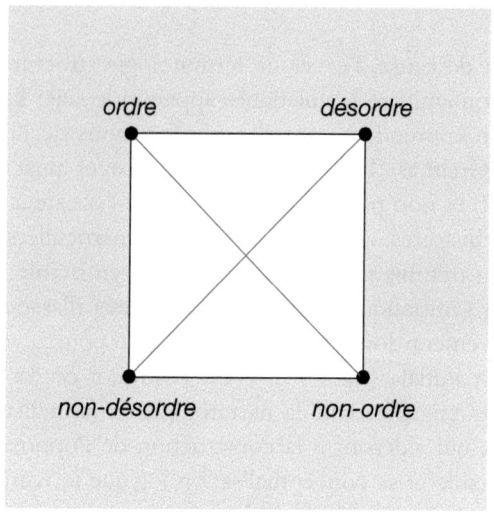

Figure 4: Logique binaire *ordre/désordre*

---

19 Cela va d'ailleurs dans le sens d'une réévaluation des concepts très perceptible chez beaucoup d'auteurs: Blanché (1966: 9) voit la logique d'abord comme «organisation systématique des concepts», et d'après lui cette organisation représente «une structure objective et intemporelle, qui veille comme norme pour les démarches d'une pensée disciplinée»; Edelman (1992: 142) signale que «contrairement aux éléments du langage, cependant, les concepts ne sont pas conventionnels ou arbitraires, leur développement ne requiert pas un rattachement à une communauté linguistique, et ils ne dépendent pas d'une présentation séquentielle»; enfin l'ouvrage de Deleuze et Guattari (1991: 8) entièrement voué à l'approche conceptuelle, pour lesquels «la philosophie est l'art de former, d'inventer, de fabriquer des concepts».

Le carré logique

> «Lorsque nous avons inscrit les valeurs contraires, le carré sémiotique se construit ‹automatiquement›: nous projetons en diagonale les valeurs contradictoires.»
>
> Nicole Everært-Desmedt, *Sémiotique du récit*, 2000: 75.

En partant du carré logique, au départ parfait en forme et en contenu, en suivant le trajet de sa déformation inévitable imposée par l'asymétrie des concepts en condition réelle de fonctionnement, on aboutira peu à peu à une autre forme qui rend compte plus efficacement de ce que l'on peut nommer une logique élémentaire de la signification, celle d'un triangle. Rappelons bien que ce triangle ne sera pas en jeu tel quel, chose ou figure géométrique réelle, mais plutôt figure géométrique qualitative, topologique. Insistons encore, ce seront les rapports, les intersections et les angles qui prendront de l'importance puisque expressions des relations, des corrélations et des fonctions entre les concepts eux-mêmes.

Ce passage du carré logique au triangle logique peut être saisi en trois étapes. Pour cela il faut, tout en gardant en mémoire les quatre concepts qui marquent les pôles du carré (*ordre, désordre, non-désordre, non-ordre*), leur superposer les types de relations qui leur sont attribués. Exprimé sous la forme parfaite, à la fois géométrique et sémiotique, le carré logique normal possède quatre types d'oppositions conceptuelles (fig. 5):
- l'opposition des *contraires*, entre ordre/désordre:
- l'opposition des *subcontraires*, entre non-ordre/non-désordre;
- l'opposition des *contradictoires*, entre ordre/non-ordre et entre désordre/non-désordre;
- l'opposition des *subalternes* ou d'*implication*, entre ordre/non-désordre et entre désordre/non-ordre.

A cause du croisement réciproque des deux axes, chacun binaire, la logique du carré peut être considérée comme bi-binaire ou plutôt quaternaire. Tout en restant à l'intérieur de la logique binaire classique, elle en est, en quelque sorte, son dernier développement.

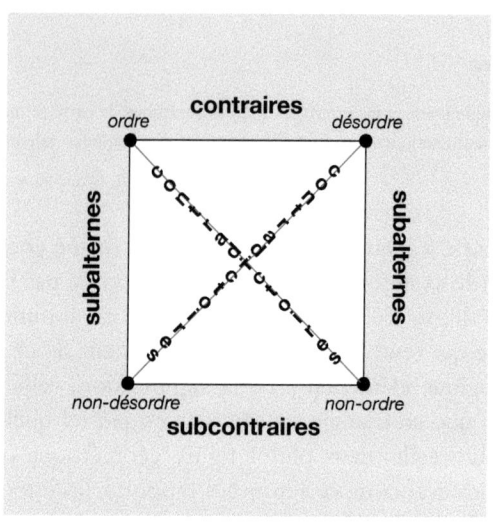

Figure 5: Les oppositions du carré logique

Conçue de cette façon, on peut s'imaginer qu'une entrée en matière, sémiotique bien entendue, dans ce type de carré parfait se ferait par n'importe quel côté: étant un carré véritable, les côtés se valent tous conceptuellement tout en étant différents deux à deux. Comme dans tout discours épistémologique, il doit y avoir liaison consubstantielle entre la forme de représentation et le type de fonction des concepts, toute asymétrie dans l'importance des concepts devant se répercuter inévitablement sur la forme du support géométrique. Or si on est sensible à la chose épistémologique, on peut s'attendre à ce que cette asymétrie soit toujours à l'œuvre dans le carré car sans celle-ci, il ne fonctionnerait pas. Sans discontinuité, pas de fonctionnement.

En l'occurrence, le carré ne fonctionne pas et ne peut fonctionner réellement que si, et seulement si, on accepte que la déformation fonctionnelle conceptuelle se répercute sur la forme géométrique du carré lui-même. Cette déformation est une polarisation, chaque fois vers le même coin du carré et d'autant plus que le modèle fonctionne mieux.

Nous entendons mettre d'accord cette tendance de polarisation fonctionnelle des concepts du carré logique avec la déformation géométrique correspondante, à l'aide d'une autre structure élémentaire de la signification, ternaire cette fois: le *triangle logique*. Pourquoi ne pas donner au discours conceptuel une configuration géométrique qui lui soit organiquement lié, où il puisse se déployer d'une manière plus cohérente? En guise de préalable à un tel passage épistémologique et pour rendre simplement plus intuitif le propos, nous allons utiliser le carré logique en rotation de 90°. Ceci permettra une similarité isomorphique, mais aussi fonctionnelle, avec le système cartésien de coordonnées (fig. 6).

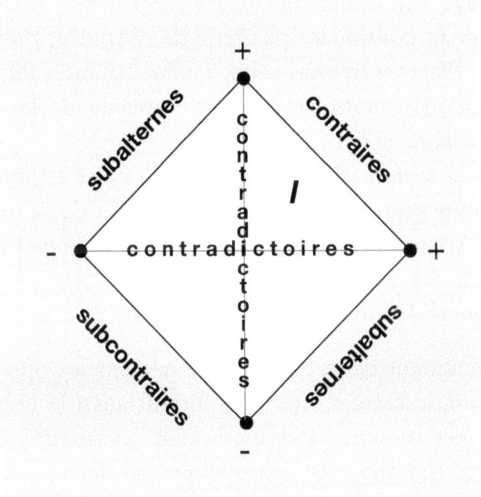

Figure 6: Du carré logique au triangle logique par rotation de 90°

En effet dans le carré logique, on met d'habitude les propositions, dans notre cas les concepts, en relation réciproque comme, en quelque sorte, les équations dans le système cartésien. D'ailleurs l'indispensable systématisation ternaire du carré logique que nous proposons va faire ainsi que finalement ce dernier, par des glissements sémantiques successifs, va se cantonner dans le quadrant I du côté des oppositions des contraires, rappelant bien en cela le quadrant I cartésien – d'autant que Descartes lui-même ne prenait en considération que les coordonnées positives, c'est-à-dire les points dans le quadrant I (Maor, 1994: 62).

La systématisation ternaire du carré logique

Pour que le passage du carré logique vers un triangle logique soit perçu comme un processus naturel, nous abordons la systématisation ternaire telle qu'elle s'affirme progressivement à travers des cas exemplaires. En effet, en dehors du cas idéal du carré logique, – difficilement utilisable comme tel car «le quaternaire est une véritable ‹crucifixion» (Nicolescu, 1985: 204) –, tous les autres cas réels, qu'on peut suivre au long d'une filiation évolutive en commençant par le carré d'Aristote considéré comme classique et continuant par ceux de d'Apulée, Bovelles, Brøndal, Klein, Blanché, Piaget, Greimas (Nef, 1976a: 10), ne sont plus de véritables carrés, chacun portant l'empreinte implicite de la systématisation fonctionnelle ternaire, si partielle soit-elle.

Pour suivre la systématisation ternaire du carré logique, trois exemples suffisent pour prendre conscience des étapes de sa mise en place: le carré logique d'Aristote, celui de Greimas, enfin celui de Combet.

Le carré logique d'Aristote

Découlant directement de la théorie générale sur les oppositions qu'il a lui-même élaboré, le carré d'Aristote, portant aussi le nom de carré des oppositions, n'est qu'une systématisation géométrique de celles-ci (Chénique, 1975: 164-165). En symbolisant par des voyelles (A, E, I, O) les relations d'oppositions réciproques et symétriques qu'entretiennent cette fois-ci les couples de concepts, à la fois contraires et contradictoires, on obtient tout naturellement une figure qui n'est autre que le carré d'Aristote (fig. 7). Dans son champ sémiotique, les oppositions se systématisent de la façon suivante:
  – couple A-E: opposition de contraires;
  – couple I-O: opposition de subcontraires;
  – couple A-O et E-I: opposition de contradictoires;
  – couple A-I et E-O: opposition de subalternes.

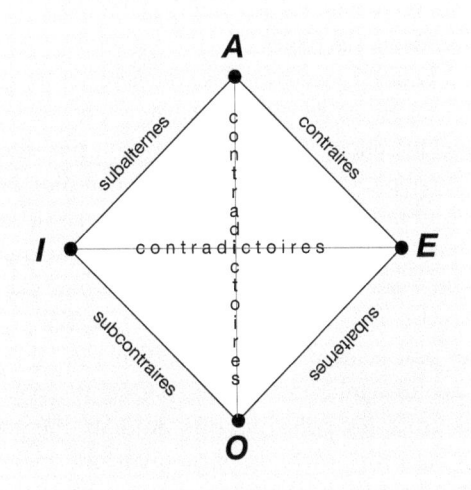

Figure 7: Le carré logique d'Aristote

En résumé, il y a dans ce carré seulement quatre types d'oppositions pour six couples d'oppositions: on ne peut pas faire la distinction étymologique entre, d'une part, les deux couples de contradictoires et, d'autre part, les deux couples de subalternes. A vrai dire, la seule caractéristique distincte, la seule discontinuité constatée à l'intérieur des couples d'oppositions, est celle qui existe entre les contraires: on observe d'une part les contraires tout court et d'autre part les subcontraires. On peut se demander pourquoi cette seule distinction étymologique, pour le bénéfice de la symétrie, il aurait mieux valu ne pas l'avoir! La réponse est simple: sans cette discontinuité fonctionnelle fondamentale, le carré, par sa perfection, serait inutilisable; l'asymétrie et la discontinuité nécessaires pour engager sa fonctionnalité feraient défaut. Ainsi le carré d'Aristote, tout en étant des plus classiques, comporte déjà une entrée en matière qui est à rechercher dans la direction contraires-subcontraires. Cette direction est à l'évidence la seule interface active, lieu de discontinuité où quelque chose de significatif peut se passer. Les deux autres côtés ainsi que les deux diagonales du carré, seront bloqués indéfiniment dans une parfaite identité (confusion deux à deux). Si les côtés et les diagonales participent tout de même au jeu du discours sémiotique, la médiation des contraires leur imposera ses règles.

En revenant à la différence entre les contraires et les subcontraires du carré d'Aristote, on peut se demander si celle-ci est seulement une simple différence ou quelque chose de plus, comportant par exemple une question du genre: le couple de contraires n'est-il pas plus important que le couple de subcontraires? La réponse, on peut le deviner, pencherait plutôt vers le «oui»: dire *subcontraire*, c'est déjà en quelque sorte affirmer que c'est moins bien que *contraire*. Et ce n'est pas tout. Les symboles A-E, premiers dans l'ordre alphabétique, ayant été réservés pour le couple de contraires entre précisément les pôles affirmatifs (positifs) de deux concepts alors que les symboles I-O, eux, ont été réservés pour le couple de subcontraires entre les pôles négatifs de deux mêmes concepts, on peut penser que cet ordre cache implicitement une hiérarchie. A savoir que le couple de contraires est le plus important parmi tous les autres. Cette polarisation sémiotique vers l'axe des contraires nous interroge déjà sur l'avenir du carré: à l'évidence, il a perdu quelque chose de son identité première, de carré parfait. Géométriquement parlant, le côté des subcontraires devient plus fragile ou simplement plus court que le côté des contraires.

Le carré logique de Greimas

Si, dans le carré d'Aristote, on ne peut que déceler une différence implicite entre le couple de contraires et le couple de subcontraires, on notera que Greimas fait un pas de plus en affirmant dans sa *Sémantique structurale* (1966) à propos justement de la structure élémentaire de la signification, que «la relation fondamentale, constitutive du carré est l'axe sémantique» (Nef, 1976a: 12). Cet axe n'est autre que la relation des contraires A-E (fig. 8). Ainsi c'est au long de l'axe des contraires A-E que le champ sémiotique du carré logique se polarise fonctionnellement[20]. Ce processus

---

20   Selon Gaëtan Desmarais «le carré sémiotique appartient au niveau le plus profond du parcours génératif, là où la narrativité se trouve située et organisée antérieurement à sa manifestation. Il est conçu par Greimas comme une structure taxinomique et syntaxique première, produisant l'articulation élémentaire du

de polarisation vers l'axe des contraires, là où les concepts ont des valeurs positives, confirme et renforce la tendance déjà constatée dans le carré d'Aristote. En effet, si le couple de contraires est à ce point fondamental pour être considéré axe sémantique du carré tout entier, c'est que les autres couples, en commençant par celui des subcontraires, sont moins importants. En dévalorisant les subcontraires, ce qui en termes géométriques revient à un rétrécissement et un rapprochement réciproques, on dévalorise implicitement les contradictoires et les subalternes (appelés aussi implications). La déformation encore accentuée du carré est donc inévitable et le fait que l'auteur ne l'envisage pas ne doit pas nous empêcher d'y penser car par le rétrécissement convergeant des pôles I-O des subcontraires vers le centre, là où se croisent les axes des contradictoires, la valorisation relative du côté des pôles A-E ne fait que s'accentuer.

---

sens et assurant les conditions minimales de la saisie de celui-ci. Aussi appelé ‹modèle constitutionnel›, le carré sémiotique articule les sèmes intéroceptifs qui font partie de la sémantique fondamentale et les définit comme de purs écarts différentiels qui n'existent que par le système de relations qu'entretient toute catégorie sémantique binaire de type s_1/s_2 (Desmarais, 1998: 43», c'est-à-dire de type *contraire*. C'est seulement après les deux catégories sémantiques profondes des structures taxinomique et syntaxique du parcours génératif que la *conversion* permet l'actualisation de la syntaxe événementielle, narrative et actantielle, suivant les règles logiques binaires du carré greimassien. Néanmoins le traitement utilisé par Greimas au niveau des structures sémio-narratives empêche «de concevoir la conversion comme un véritable processus d'émergence de la signification» (*ibid.*: 47). «La théorie greimassienne débouche sur la constatation, lourde de conséquences, que la ‹succession même des épreuves, interprétée comme un ordre de présupposition logique à rebours, semble régie par une intentionnalité reconnaissable *a posteriori*, comparable à celle qui sert à rendre compte, en génétique, du développement de l'organisme› (Greimas, Courtés, 1979: 371). Jean Petitot insiste pour que cette référence à la biologie soit prise à la lettre. En tant que théorie *morphogénétique* de la narrativité, la sémiotique greimassienne «a tout à attendre d'*une mathématique générale de la morphogenèse* (Petitot, 1985: 259) (*ibid.*: 52-53)», s'inspirant de la théorie des catastrophes élémentaires de René Thom (1974) pour lequel la valeur positionnelle du concept fonde son contenu sémantique.

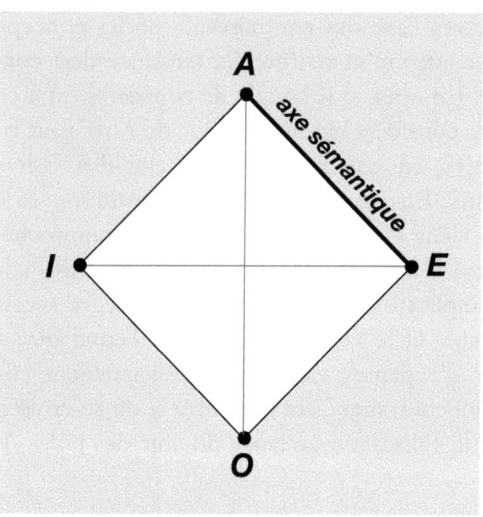

Figure 8: Axe sémantique: le couple des contraires du carré logique

Le résultat pratique est évidemment le renforcement du triangle rectangle isocèle ayant comme hypoténuse la distance entre les pôles A et E, c'est-à-dire justement «l'axe sémantique», à un point tel qu'on peut s'imaginer qu'il est capable à la limite d'intérioriser tout l'espace sémiotique du carré. On serait tenté de dire que le carré de Greimas ne «rêverait» d'autre chose que de devenir triangle. Mais cela reste seulement un rêve car tout en valorisant le rôle de l'axe sémantique, en fait l'hypoténuse ou la diagonale du triangle rectangle du premier quadrant (pour reprendre la notation utilisée couramment par les systèmes de coordonnées cartésiennes), le carré géométrique reste chez Greimas toujours en place comme si de rien n'était[21].

21 Tout bien considéré la nouvelle sémiotique post-greimassienne de Zilberberg (2002) et Fontanille (2003) introduit dans la sémiotique greimassienne, à la place du carré, un dispositif original, le *schéma tensif*, avec deux concepts élémentaires prenant la forme des axes cartésiens, l'abscisse et l'ordonnée, qui se déclinent dans le champ narratif suivant les deux types de corrélation directe et inverse. «Dans le schéma tensif, une valeur donnée est constituée par la combinaison de deux ‹avalences› (ou dimensions), l'intensité et l'extensité (ou éten-

Le carré logique de Combet

Une étape plus avancée dans la systématisation ternaire du carré logique est franchie par Georges Combet (1976). En commençant par rappeler

> qu'il y a une complexification qui consiste à faire passer la structure élémentaire du binarisme au ternarisme, [...] à substituer au carré, qui est une structure élémentaire binaire ou quaternaire, une structure ternaire, triangulaire ou hexagonale, donc une structure un peu plus compliquée mais considérée comme élémentaire (*ibid.*: 67),

l'auteur s'engage quant à lui sur une voie différente de complexification qui n'est autre que celle qui «prend le carré élémentaire pour hypothèse de travail», «institue plusieurs types de carrés dérivés» et enfin «imagine des procédures pour combiner ces carrés» (*ibid.*: 68). Bref, c'est toujours et encore la voie du carré et de son perfectionnement qui est adoptée. Si l'on essaie maintenant de comprendre ce qui se passe au-delà de la grammaire narrative du discours de l'auteur, on constate qu'elle mène entre autres à la substitution complète des termes relationnels connus,

---

due). L'extensité est l'étendue à laquelle s'applique l'intensité ; elle correspond à la quantité, à la variété, à l'étendue spatiale ou temporelle des phénomènes. Intensité et extensité connaissent chacune des variations dans leur force, sur une échelle continue allant de la force nulle à la force maximale (voire infinie). Le schéma tensif est généralement représenté visuellement par un plan: on place l'intensité sur l'ordonnée et l'extensité sur l'abscisse. Sur ce plan, un phénomène donné occupera une ou plusieurs positions données. Intensité et extensité connaissent deux types de corrélation. La corrélation est dite converse ou directe si, d'une part, l'augmentation de l'une des deux valences s'accompagne de l'augmentation de l'autre et, d'autre part, la diminution de l'une entraîne la diminution de l'autre. La corrélation est dite inverse si l'augmentation de l'une des deux valences s'accompagne de la diminution de l'autre et réciproquement.» (Hébert, 2006). On est donc devant une configuration topologique avec un point origine, une orthogonalité conceptuelle et enfin un espace de liberté pour les deux types de corrélation directe (bissectrice), finalement impressionniste et «implicitement jugée impossible dans la pratique» (*ibid.*, 2006), et inverse (diagonale) réaliste dont le rôle épistémologique s'apparente au tiers inclus. La sémiotique post-greimassienne avec son *schéma tensif* fait donc la transition entre le *carré logique* et le *triangle logique*.

considérés ici comme morphologiques, par des termes opérationnels, syntaxiques et par conséquent à ce que

> nous ne pouvons plus par exemple parler ‹d'opérateurs de contradiction› si ce n'est pour dire qu'à la ‹relation de contradiction› correspond une opération dénommée ‹négation/assertion›, comme à la relation de contrariété correspond l'opération de conjonction/disjonction et à la relation d'homologie (n.n. subalterne ou d'implication[22]) celle d'implication/présupposition (*ibid*.: 69).

Il en résulte une transformation de taille car elle touche l'intégrité même du carré. En effet pour la première fois, le carré logique se disloque, se rompt et, fait révélateur, à l'endroit même où l'on s'y attendait. Il se trouve à ce point transformé qu'on peut se demander s'il est encore géométriquement un carré ou s'il est en voie de devenir un triangle rectangle (fig. 9).

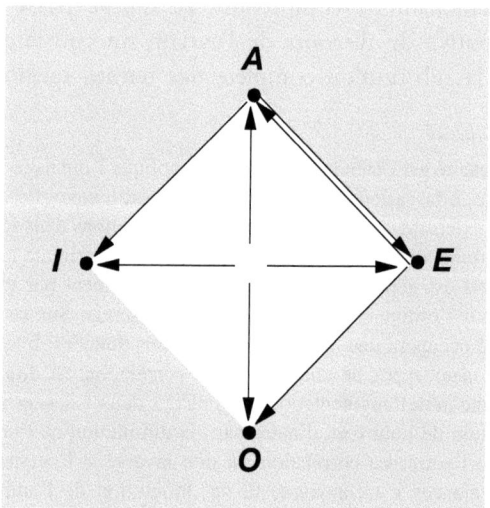

Figure 9: La dislocation du carré logique

---

22 Nous utilisons l'abréviation (n.n. ...) pour signifier « notre note » et ainsi désigner une information qui nous est propre et qui ne fait donc pas partie de la citation.

Puisque cette possible et nécessaire transformation est très bien mise en évidence par Nef dans une présentation de l'article de Combet, nous la prenons à notre compte. Ainsi représenté, le carré de Combet comporte par rapport à un carré, disons normal, les modifications suivantes (Nef, 1976a: 16):
- la disparition de la distinction entre *contrariété* et *contradiction;*
- le passage de l'implication non orientée (n.n. subalterne) à la présupposition;
- l'absence de figuration de la relation de subcontraires;
- la double présupposition se substitue à la relation de contrariété.

Mais tout cela, de notre point de vue, revient à dire simplement et plus directement que:
- la relation des contraires (A-E) redouble d'importance, au sens propre comme au figuré;
- les contradictoires (A-O et E-I) perdent leur sens par rapport aux contraires;
- les subalternes (A-I et E-O) se superposent aux contradictoires;
- la relation des subcontraires (I-O) a disparue.

La disparition des subcontraires est d'ailleurs le fait le plus important, sinon du point de vue fonctionnel au moins formellement, car elle met en cause directement et explicitement (voire géométriquement) le carré. Comment en effet peut-on s'imaginer qu'un carré dont il manque un côté et avec un vide au milieu puisse supporter les tensions fonctionnelles, de surcroît asymétriques, imposées par les relations opposées des concepts, sans se déformer ou mieux se transformer en une autre figure géométrique stable qui incarnerait mieux et plus naturellement la structure élémentaire de la signification?

S'il n'y a plus de relation de subcontraires pourquoi donc ne pas considérer, par exemple, qu'entre I et O il y a bel et bien coïncidence à la place de cette distance vide qui les sépare et qui ne signifie plus rien. Cela permettra d'avancer de façon décisive dans le sens de la systématisation ternaire car en refusant de rester inutilement esseulés dans les deux sommets inférieurs du carré, les points I et O vont bel et bien se rapprocher de plus en plus jusqu'à coïncider non seulement entre eux, mais aussi avec celle de l'intersection de ce que jusqu'alors on appelait les axes des contradictoires et où, enfin, viendront se rejoindre aussi, tout naturellement, les deux côtés des subalternes. Cette triple coïncidence deviendrait l'origine d'une nouvelle structure élémentaire de la signification. En fin de compte, le carré paradoxal de Combet deviendrait, par cette transformation, un triangle rectangle isocèle capable, croyons-nous, de refaire la cohérence du discours logique sur une base renouvelée (fig. 10). C'est ce que nous allons tenter de voir de manière explicite et tout de suite à travers la vraie opposition contraire corrélative et sa systématisation logique ternaire.

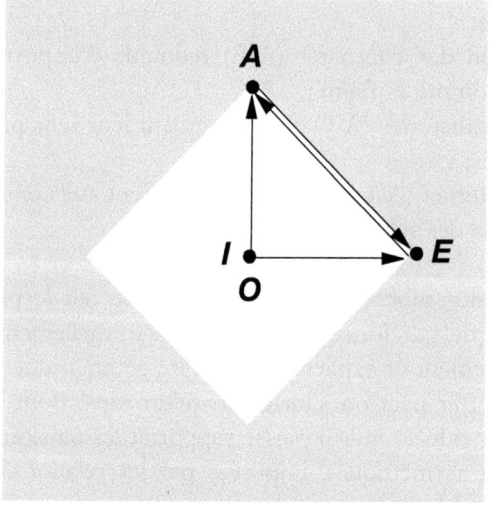

Figure 10: Vers le triangle logique

3.3 L'opposition corrélative et sa logique ternaire: opposition corrélative inverse

Pour conforter, en quelque sorte, la démarche et transformer le carré logique en triangle logique, la logique binaire en logique ternaire, nous reproduisons celle proposée par Robert Blanché qui arrive à la même conclusion que Frédéric Nef. Selon Blanché (1966), il faut faire ainsi que

> subsiste, de l'ancien tableau, l'opposition des contraires A et E. Mais la contraction à un seul poste des particuliers I et O fait disparaître l'opposition des subcontraires; et comme les contradictoires se distinguent des contraires en ce qu'à l'un des traits (impossibilité de la double vérité) elles ajoutent le trait symétrique de la subcontrariété (impossibilité de la double fausseté), la suppression des subcontraires entraîne avec elle celles des contradictoires (*ibid*.: 42).

Tous ces changements conduiront à ce que

> celui qui essaie de construire un instrument permettant d'analyser les systèmes de concepts tels qu'on les trouve réellement dans la pensée commune a intérêt, lui, à ne pas s'en tenir à cette forme (n.n. la tétrade classique). Il a de bonnes raisons de simplifier la tétrade du logicien [...] (*ibid*.: 40).

Pourtant au lieu de «simplifier la tétrade du logicien» en choisissant le triangle logique, comme cela aurait été normal, Blanché opte, on l'a déjà rappelé, pour une autre structure élémentaire de la signification, l'hexagone logique et ce malgré le fait que cette figure soit «un simple développement de la catégorie binaire» (Hénault, 1979: 128). Nous sommes ainsi prêts à mettre en place ce triangle logique puis le faire fonctionner réellement avec de vrais concepts et non pas simplement avec des lettres les symbolisant, comme on l'a vu jusqu'à maintenant.

On procède d'abord au choix du couple des concepts qui s'avèreront être véritablement des contraires. Ce choix, l'on ne saurait jamais trop le dire, est vraiment capital car trop fréquemment, hélas, on risque de faire un mauvais choix, c'est-à-dire celui de couples de contradictoires relatifs. Cela fausserait complètement le schéma logique ternaire. C'est sans doute en grande partie à cause de cela que la systématisation ternaire du carré logique, pourtant toujours plus ou moins amorcée ici et là, a tant de peine à s'accomplir. En effet, le carré logique utilise l'opposition relative entre le pôle positif et le pôle négatif d'un même concept (*ordre/désordre* dans notre cas), en réalité une opposition de contradictoires relatifs en lieu et place de l'opposition corrélative, seule véritable opposition des contraires. Cette dernière exprime, à la manière aristotélicienne, une relation entre «deux concepts qui font partie d'un même genre et qui diffèrent le plus entre eux» (Lalande, 1972: 184). Cette définition peut être considérée toujours valable, car pratiquement identique à celle proposée par Jakobson, si l'on considère l'interprétation que lui donne Greimas (1970), puisqu'il s'agit toujours d'une relation d'opposition dans laquelle un concept possède un trait distinctif de plus dont l'autre concept est dépourvu, tout en étant les deux positifs.

Retenons pour le moment le concept qu'on a déjà avancé, c'est-à-dire celui d'*ordre*, qu'on peut évidemment utiliser comme point de départ du triangle logique pour autant qu'on lui trouve le concept pair qui lui soit vraiment contraire. Le problème est que ce choix n'est pas aussi facile qu'il n'y paraît! A preuve, nous pensons que le concept contraire de l'*ordre* ne correspond pas à celui du *désordre* pourtant quasi généralement accepté. Que faire pour résoudre ce dilemme sinon comparer, pour mieux juger, le modèle quaternaire normal *ordre/désordre, non-ordre/non-désordre* et le modèle ternaire que nous adopterons finalement d'*ordre|hiérarchie|organisation*.

Ce modèle quaternaire pris comme hypothèse de départ est justement celui classique de François Nef (1976b: 60). La structure élémentaire se met en place chez lui sur la base du caractère supposé contraire entre le concept d'*ordre* et le concept de *désordre* (fig. 11).

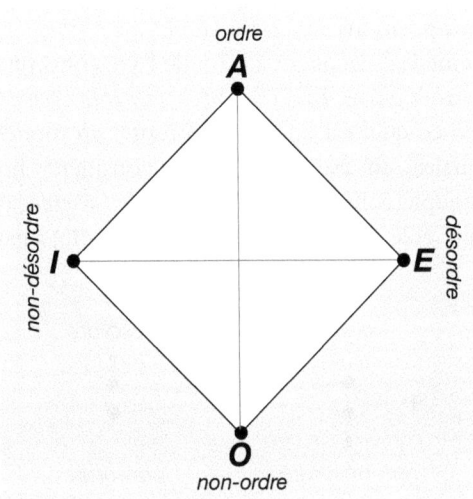

Figure 11: Le modèle quaternaire *ordre/désordre, non-ordre/non-désodre*

Partant de là, cette structure se déploie comme d'habitude dans le champ sémiotique carré des relations que l'on connaît déjà. Seulement voilà, le concept de *désordre* n'est pas le pôle contraire, corrélatif de l'*ordre*, il est simplement le *degré zéro de l'ordre*, c'est-à-dire son contradictoire relatif. Bref, le *désordre* n'est pas et ne peut pas être autre chose que le manque d'*ordre*. En ce qui concerne le *non-ordre*, il signifie aussi avant toute autre chose, le manque d'*ordre* (Miquel, 2000). En cela, on fait le parallèle avec la philosophie où l'opposition fondamentale contradictoire absolue entre l'*être* et le *néant* réserve pour ce dernier, et sans ambiguïté aucune, le concept de *non-être*. Enfin, que peut bien représenter en réalité le *non-désordre* contradictoire du *désordre*? Si on affirme «je trouve que chez vous il y a du non-désordre», n'est-ce pas une figure de style pour dire qu'il y a de l'*ordre* ? En effet, le *non-désordre* en tant que négation de la négativité du *désordre* est l'affirmation de l'*ordre*. Le pliage du carré logique s'impose: le *désordre* prend la place qui est la sienne en coïncidant avec le *non-ordre* et à l'autre extrémité du carré le *non-désordre* prend la place qui est la sienne en coïncidant avec l'*ordre* (fig. 12a). Si les subalternes (*ordre/non-désordre* et *désordre/non-ordre*), en tant que deixis, ont un rôle important dans la sémantique des propositions du carré sémiotique (Pottier, 1985: 28-29), épistémologiquement ils se plient à la loi de l'axe conceptuel *ordre/désordre* (fig. 12b). Le carré logique, *ordre/désordre – non-ordre/non-désordre* a été plié et transformé en ce qu'il est en fin de compte: un modèle d'opposition conceptuelle binaire, un axe, que l'on va considérer horizontal, entre deux pôles du couple contradictoire relatif *ordre/désordre*, dont le premier positif est à droite et le second, en tant que négativité, à gauche (fig. 12c).

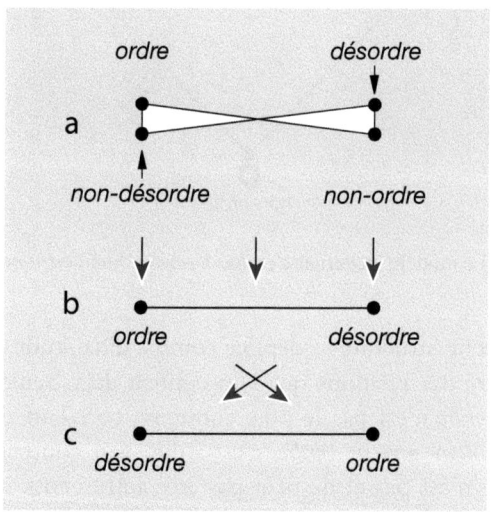

Figure 12: Le pliage du carré logique
en un modèle binaire d'opposition relative

Le modèle quaternaire, basé sur un faux couple de contraires, ne peut organiser son discours conceptuel se réduisant ainsi au seul axe sémantique *ordre/désordre*, épistémologiquement inopérant. On en revient donc au

> niveau initial dit sémantique (celui de la substance du contenu selon Hjelmslev) et *organisé localement* par ce que Greimas a *appelé structure élémentaire* (*1° niveau* de la grammaire narrative). Parler de structure élémentaire, c'est parler d'une structure de complexité *minimale*, celle dite de l'axe *sémantique* [...]. Un certain nombre de raisons ont conduit Greimas à substituer à cette

structure d'axe sémantique celle plus complexe dite de carré sémiotique (Petitot, 1977: 354).

Puisque le carré logique partant du faux couple de contraires *ordre/désordre* nous ramène finalement de nouveau à l'axe de départ *ordre/désordre*, mais en sachant cette fois-ci qu'il s'agit de contradictoires relatifs, il reste, pour sortir du cercle vicieux, à trouver le vrai couple conceptuel contraire, indispensable pour une véritable systématisation ternaire du carré logique menant à cette nouvelle structure élémentaire de la signification qu'est le triangle logique. C'est en lui ajoutant l'axe conceptuel *hiérarchie/anarchie* que l'ouverture ternaire devient possible.

Un tel triangle, support intuitif d'une logique ternaire qui lui soit consubstantielle, est formé par l'interaction entre deux couples d'opposés qui, tout en étant des concepts internes contradictoires relatifs, sont aussi des concepts externes contraires. Ceux-ci ont les propriétés d'être, d'une part, de même genre, donc d'avoir un point commun, l'origine dans leur pôle zéro de *coincidentia oppositorum*, et, d'autre part, d'être séparés par un seul trait distinctif, l'orthogonalité, entraînant leur pôle positif dans une liaison réciproque à distance, constitutive d'un troisième concept, tiers inclus, diagonal et corrélatif, de type logique contraire, jouant le rôle de *correlatio oppositorum*. Son rôle épistémologique est si important qu'on est en droit de se demander si ce n'est pas le concept diagonal, tiers inclus de type contraire, qui crée la possibilité de l'orthogonalité et de l'origine commune du couple des concepts orthogonaux et par là même celle de tout système de coordination?

Prenons donc le couple de contraires véritables, que l'on justifiera plus loin, *ordre/hiérarchie* et son déploiement orthogonal avec l'*ordre* horizontal et la *hiérarchie* verticale, d'abord de manière classique c'est-à-dire à l'intérieur du carré logique, pour bien comprendre comment celui-ci va se transformer en triangle rectangle isocèle I, sous la pression fonctionnelle des concepts (fig. 13). Les quatre concepts seront l'*ordre*, la *hiérarchie*, le *désordre*, l'*anarchie*.

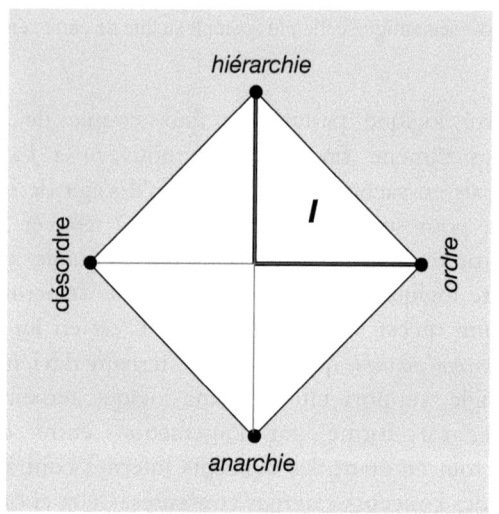

Figure 13: Le carré logique de l'*ordre*, de la *hiérarchie*, du *désordre*, de l'*anarchie*

Les relations d'opposition ainsi mises en évidence, suivant la formule logique binaire classique, seront:
- la contrariété *ordre/hiérarchie;*
- la subcontrariété *désordre/anarchie;*
- la contradiction *ordre/désordre* et *hiérarchie/anarchie;*
- l'implication *ordre/anarchie* et *hiérarchie/désordre.*

Mais nous savons déjà que les concepts de *désordre* et d'*anarchie*, négation de l'*ordre* et de la *hiérarchie*, ne sont autre chose que leur degré zéro. Dès lors on est en droit de considérer que le carré logique est réductible à son cadran I, c'est-à-dire à un triangle rectangle isocèle qui n'est autre que le triangle logique lui-même (fig. 14).

Le triangle logique est capable d'intérioriser tout le discours véhiculé précisément par le carré logique et cela d'une façon encore plus cohérente et économe pour nous car, à la fois fait d'*ordre* et de *hiérarchie*, le discours trouve dans l'*organisation* son *axe sémantique* conceptuel diagonal.

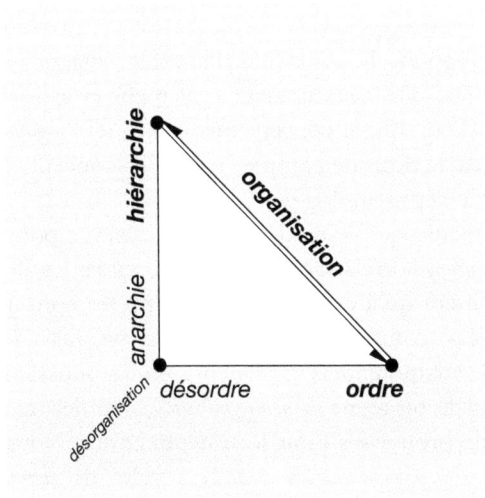

Figure 14: La réduction du carré logique *ordre/hiérarchie, désordre/anarchie* en triangle logique *ordre|hiérarchie/organisation*

Dans la logique ternaire du triangle rectangle isocèle, il y a *coincidentia oppositorum* des pôles négatifs *désordre/anarchie* dans un point qui deviendra l'*origine* même du système ternaire dès lors que les deux axes viendront s'y joindre. C'est le point zéro. A l'autre bout de ces deux axes, se trouvent les deux pôles positifs *ordre/hiérarchie* qui vont se séparer l'un de l'autre (comme dualité) – en une schismogenèse ou une bifurcation – suivant un angle droit, orthogonal, pour devenir l'abscisse et l'ordonnée (pour les nommer à la manière cartésienne dont ils s'inspirent) du système ternaire. C'est sur la base de la complémentarité intrinsèque de ces deux concepts positifs *ordre/hiérarchie*, concepts différents mais apparentés, ayant un point commun, l'origine, que s'installe une relation réciproque, une corrélation matérialisée par l'*organisation*, le tiers concept. Celui-ci est un «terme complexe» (Brøndal, 1950), irréductible aux deux concepts qui l'engendrent, indispensable polarisateur, médiateur, tiers jusqu'alors exclu mais devenu justement le terme organisateur du discours. Ce troisième concept médiateur s'arrange le long de la diagonale du triangle et peut prendre une infinité de valeurs suivant les relations réciproques des concepts axiaux, orthogonaux. Considéré «en un seul acte de pensée, comme la zone (n.n. l'interface diagonale) qui s'étend, entre les deux extrêmes, ceux-ci étant également et symétriquement exclus» (Blanché, 1966: 40), le concept médiateur, ici l'*organisation*, ne peut plus se voir refusé le droit de compter parmi les concepts fondamentaux de la logique et de l'épistémologie.

La place éminente que le modèle ternaire réserve pour le terme médiateur d'*organisation*, corrélation fonctionnelle entre les deux contraires, ne signifie nullement qu'il exclut de son champ les concepts investis de valeurs «négatives», comme le *désordre* et l'*anarchie*, mais seulement qu'il les traite en concepts potentiels immanents, en les poussant vers l'origine des axes du modèle où règne la *désorganisation*, une désorganisation créatrice, porteuse de promesses pour le système entier. Nous préférons de loin le concept de *désorganisation créatrice* à celui de *complexité*[23] si à la mode[24]: sans référence explicite à l'organisation, la complexité n'est plus,

---

23 A propos de la *complexité*, voir: Morin (1990), Lewin (1994), Wunenburger (1990), Saint-Geours (1987), Prigogine, Stengers (1979), Gleick (1989). Henri Atlan (1979) caractérise la complexité par l'information qui manque à un observateur pour pouvoir rendre compte des éléments du comportement global d'un système dont il a connaissance à partir de son savoir sur les relations élémentaires qui se déploient au sein de ce système. Ainsi, dans la définition proposée par Atlan, reconnaître la complexité, c'est reconnaître ses limites; devant les phénomènes d'auto-organisation qui se traduisent par une complexification croissante, l'observateur parvient de moins en moins à établir un lien entre les éléments du savoir touchant aux phénomènes propres à chaque niveau d'organisation émergeante.

24 C'est en faisant appel à des concepts tels «l'ordre par le bruit», «le hasard heureux», «la nouvelle alliance» qu'on se rend compte que la complexité ne vise qu'une chose: rationaliser le désordre et l'anarchie, donc la désorganisation, du chaos originaire. Si dans leur recherche d'une théorie de la complexité, il s'avérait que les intellectuels «c'est quand ils compliquent le monde, [...] quand ils le complexifie, qu'ils sont le plus authentiquement précieux» (Lévy, 1987: 104) alors leur quête devenue véritable «bricolage dans l'incurable», comme le dirait Cioran (1995: 753), n'aura aucune chance de s'organiser. Et si tout de même elle s'organise, c'est que la complexité fait de l'organisation. Les innombrables hypercomplexités et complications de la complexité (Morin, 1990) presque toujours représentées confinées dans le cadre des axes cartésiens,

croyons-nous, que complication, ou «plus prosaïquement ignorance» (Prochiantz, 1997: 93). Ainsi lorsque Edgar Morin (1990: 10, 39) choisit la complexité, «un mot problème et non un mot solution», il le fait simplement parce que, d'après lui, «l'organisation, notion décisive, à peine entrevue, n'est pas encore, si j'ose dire, un concept organisé»; à l'évidence il n'a sans doute pas perçu que c'est à travers l'organisation qu'on peut sortir de l'obscurité conceptuelle qu'entretient la complexité. En effet, tout le questionnement épistémologique doit se faire à partir de la complexité de l'organisation car au fur et à mesure que l'on avance dans l'étude de la complexité, on comprend qu'elle prend du sens en s'ordonnant et en se hiérarchisant, bref en s'organisant. Si la triade *ordre | hiérar-chie / organisation* se met en place comme tout autre triade, elle est à ce titre un modèle logique ternaire ordinaire; si, par contre, elle se met en place comme archétype de toutes les triades, comme modèle de tous les modèles ternaires, comme méta-modèle logique ternaire, alors elle permet au «tiers secrètement inclus» dans la logique binaire de s'affirmer ouvertement dans l'interdisciplinarité et d'entrouvrir la porte de la transdisciplinarité (Nicolescu, 1994, 1996).

La liste qui suit (tab. 1) présente seulement quelques exemples de triades que des auteurs ou des écoles de pensée ont plus ou moins explicité. Toutes ont une horizontalité-*ordre*, une verticalité-*hiérarchie* et une diagonalité-*organisation* qui englobent assez bien notre univers de connaissances, hantant marginalement toutes les approches scientifiques sans faire forcément l'objet d'une élaboration explicite. Le nombre et la diversité des triades qu'on peut identifier ainsi que leur emboîtement topologique dépendent de notre compétence dans un domaine de connaissance spécifique combiné avec l'ouverture d'esprit pluridisciplinaire. Et, rappelons-le, ce n'est pas parce qu'on utilise des triades qu'on est logiquement ternaire: dans la majorité des cas, la logique ternaire est implicite si on remarque seulement à quel point on en fait usage pour mener à bien presque tout discours. Il ne suffit pas non plus de travailler «entre le

---

ainsi que la recherche fébrile d'une théorie, montre que, chassé par la porte de la nouvelle maison de la science du «tout complexe» le «tout organisé» y entre par la fenêtre!

cristal et la fumée», reprenant les termes d'Henri Atlan (1979), pour comprendre la logique de ce «entre» qu'aucun dictionnaire, de surcroît binaire, ne peut nommer[25]. Pour être véritablement ternaire, il est impératif de rendre explicite l'articulation et la fonctionnalité logique des concepts de la triade et démontrer par là qu'on est obligé d'y faire appel. A ce titre, la triade *ordre | hiérarchie / organisation* pourrait être considérée comme méta-modèle. Elle coordonne conceptuellement et formellement le contenu qualitatif de tout discours de la même façon que le système cartésien des coordonnées met les variables en corrélation. Elle surgit de manière sous-jacente comme dimension latente dans toutes les triades, qu'elles quelles soient, car celles-ci en sont ses hypostases inépuisables. A vrai dire, toutes les triades ne semblent cesser de parler d'ordre, de hiérarchie et d'organisation. Moins porté par les figures de style, les métaphores et la description, le modèle ternaire de l'organisation sera davantage soucieux de l'univocité des concepts, des possibilités explicatives et conclusives qu'ils entraînent. Cela n'empêche d'anticiper des écueils et des difficultés car on sait dors et déjà que les concepts contraires, quand ils sont des universaux généraux (*ordre/hiérarchie/organisation; information/signification/communication; avoir/être/connaître*), ils sont essentiellement axiologiques, quand ils sont des universaux empiriques (*physique/biologique/humain; plantes/animaux/sol; sédimentaire/magmatique/métamorphique*) ils sont essentiellement taxinomiques, par contre quand ils sont des universaux sociaux (*populisme/élitisme; nature/culture; communisme/capitalisme; étatisme/libéralisme*), ils sont essentiellement idéologiques, flous, partiaux, conflictuels, et la voie du milieu, tiers inclus médiateur et modérateur, ne va pas de soi. C'est le domaine où le binarisme dominant s'emploie, par tous les moyens, d'assujettir dans un sens ou dans l'autre, toute émergence d'un tiers autonome.

---

25   Entre le cristal et la fumée, ne trouve-t-on pas l'eau vive ondoyante, fluide et diaphane dont la rivière méandrée en est l'image?

Triade topologique élémentaire:	*horizontalité*	*verticalité*	*diagonalité*
Triade méta-modèle:	*ordre*	*hiérarchie*	*organisation*
Triade médiologique:	*information*	*signification*	*communication*
Triade cartésienne:	*abscisse*	*ordonnée*	*coordonn*ée
Triade lupascienne:	*macrophysique*	*biologique*	*microphysique-neuropsychique*
Triade génétique:	*ADN*	*protéine*	*ARN*
Triade embryogénétique:	*endoderme*	*ectoderme*	*mésoderme*
Triade cérébrale I:	*zone motrice*	*zone sensitive*	*zone associative*
Triade cérébrale II:	*cortex gauche*	*cortex droit*	*système limbique*
Triade psychanalytique:	*ça*	*moi*	*surmoi*
Triade transactionnelle:	*enfant*	*parent*	*adulte*
Triade familiale:	*mère*	*père*	*enfant*
Triade pronominale:	*toi (tu)*	*moi (je)*	*lui (il)*
Triade philosophique:	*avoir*	*être*	*connaître*
Triade chrétienne I:	*Fils*	*Père*	*Saint-Esprit*
Triade chrétienne II:	*enfer*	*paradis*	*purgatoire*
Triade théologique:	*cataphatique*	*apophatique*	*anaphatique*
Triade hindoue:	*Vishnu*	*Brahmâ*	*Shiva*
Triade méthodologique:	*induction*	*déduction*	*abduction*
Triade linguistique I:	*syntaxique*	*sémantique*	*pragmatique*
Triade linguistique II:	*signifiant*	*signifié*	*référent*
Triade propositionnelle:	*objet*	*sujet*	*verbe*
Triade syllogistique:	*la mineure*	*la majeure*	*la conclusive*
Triade des tropes:	*métonymie*	*métaphore*	*synesthésie*
Triade réplicatrice:	*gène (égoïste)*	*mème (altruiste)*	*dilemme (coopératif-compétitif)*
Triade économique:	*production*	*consommation*	*échange*
Triade politique:	*législatif*	*exécutif*	*judiciaire*
Triade sociétale:	*économie*	*culture*	*politique*
Triade indo-européenne:	*économique-marchand*	*religieux-prêtre*	*politique-guerrier*
Triade anthropologique I:	*corps*	*esprit*	*âme*
Triade anthropologique II:	*ethnie*	*religion*	*langue*
Triade systémique:	*entrée*	*sortie*	*rétroaction auto-régulatrice*
Triade biochimique:	*catabolisme*	*anabolisme*	*métabolisme*
Triade géologique:	*sédimentaire*	*magmatique*	*métamorphique*
Triade pédologique:	*pédoflore*	*pédofaune*	*complexe argilo-humique*
Triade trophique:	*producteur (végétal)*	*consommateur (animal)*	*recycleur (sol)*

Tableau 1: Exemples de triades et leurs topiques conceptuelles

Chapitre 4

Le méta-modèle logique ternaire ordre|hiérarchie/organisation

> «[...] un, deux, trois sont plus que de simples mots pour compter comme *am, stram, gram* [...].»
> Charles Sanders Peirce, *Ecrits sur le signe*, 1978: 77.

Pour qui est au courant des maîtres mots véhiculés dernièrement dans les différents domaines de la connaissance (physique, biologique, humain), c'est une évidence de constater que l'*ordre*, la *hiérarchie* et l'*organisation* occupent une place privilégiée dans les discours. Ces concepts sont sur le devant de la scène et cela est sans doute lié à leur valeur architectonique discursive, sinon explicative, qu'on leur accorde. Cette importance est telle qu'ils sont souvent considérés comme incontournables au même titre que les postulats, les axiomes ou les paradigmes. Tout semblerait se passer comme si la réalité, sous toutes ses formes, était l'œuvre de l'ordre, de la hiérarchie et de l'organisation!

Il est étonnant pourtant de constater combien il est rare que les trois concepts trouvent ensemble une place dénuée d'ambiguïté dans un modèle logique cohérent et fonctionnel. La raison principale en est sans doute le fait, déjà remarqué, que l'*ordre* est mis en faux couple contraire avec le *désordre*. Partant de là, la confusion peut s'emparer et s'empare réellement du modèle épistémologique tout entier car le dialogue entre *ordre* et *désordre* ne peut en aucun cas conduire à celui d'*organisation*. Pour sortir de l'impasse, on a fait appel au concept de *hiérarchie* qui fait ainsi son entrée dans le système, jouant des rôles (des relations) qui ne sont jamais clairement définis. Ainsi la *hiérarchie* prend la relève de l'*ordre* quand ce dernier ne peut plus se sortir de ses démêlés annihilants avec le *désordre*, elle prend même la place de l'*organisation*, sinon comme tel, du moins comme principe organisateur (Barel, 1973: 163). Puisqu'à ce niveau les choses ne sont toujours pas résolues, on invoque enfin l'*organisation*, mais sans dire clairement quels sont ses rapports avec l'ordre et la hiérarchie. Cela peut ainsi amener à la mise en place d'une tétrade dans laquelle le concept de *désordre* chasse celui d'*organisation*, qui se voit attribuer une quatrième position (et rôle), celle de la *complexité* comme on le perçoit chez Edgar Morin (1977, 1990).

Mais la tétrade n'est pas sans rappeler les difficultés du carré logique. Dans l'impossibilité d'intégrer à la fois l'ordre et la hiérarchie, l'*organisation* se rabat soit vers un concept, soit vers l'autre. N'est-ce pas le cas de Piaget qui, utilisant le mot *structure* à la place d'*organisation* (quoi de plus normal chez un structuraliste!) considère que celle-ci est une question de *hiérarchie*? Encore que, demandant de «tenir compte de l'interaction profonde qui existe entre les deux types de hiérarchies» (Barel, 1973: 198) – il y aurait en effet d'après lui deux hiérarchies, l'une structurelle et l'autre fonctionnelle –, Piaget se réfère peut-être à ce que nous considérons comme étant respectivement la *hiérarchie* et l'*ordre*? Il n'est pas rare, enfin, de surestimer l'ordre en commençant par dire qu'il est organisateur, ce qui est vrai mais en partie seulement, et en terminant par affirmer qu'en tant que complexité (ordre complexe), il est l'organisation même (Atlan, 1979).

Pour que les choses nous soient plus claires, pour que les rapports entre l'ordre, la hiérarchie et l'organisation soient exempts d'ambiguïté, nous ne voyons pas d'autre solution que celle de garder tout au long du discours les mêmes règles du jeu. Elles sont simples.

Tout d'abord nous partons d'un postulat de base, c'est-à-dire la proposition axiomatique impérative: *soit le couple de contraires ordre et hiérarchie*. Dès lors, la mise en place des deux axes coordonnateurs *ordre* et *hiérarchie* permet d'ouvrir le champ sémiotique du triangle logique au discours antithétique *ordre* versus *hiérarchie*. Une fois celui-ci déployé, sa résolution aura lieu par le discours synthétique de la *correlatio oppositorum* de l'*ordre-hiérarchique* et son tiers inclus diagonal, l'*organisation*. Ainsi le triangle logique, ouvrant ses axes depuis l'origine, va s'achever sur la longue fermeture ouverte de la diagonale (fig. 15).

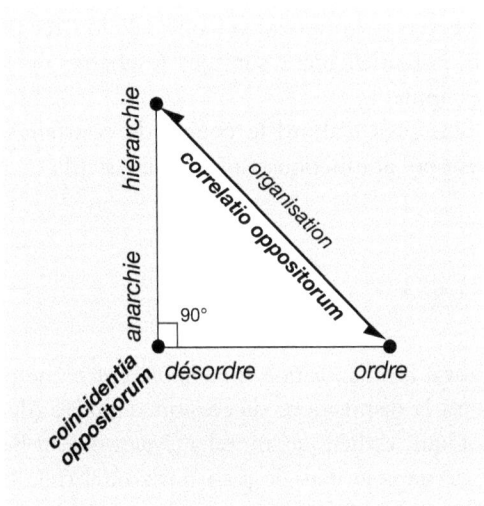

Figure 15: Le couple de contraires *ordre/hiérarchie*
et son tiers inclus diagonal l'*organisation*

L'opposition *ordre/hiérarchie* forme un couple de contraires qui présente la caractéristique sémiotique et topologique d'être coordonnateur. La coordination est exprimée et garantie par l'angle droit entre les deux axes contraires. Cette rectification – que les Grecs à l'époque alexandrine connaissaient déjà pour l'appliquer à la philologie afin d' «éclaircir les obscurités du fond et de la forme, aplanir incohérences et contradictions, bref améliorer autant que possible la lisibilité du texte» (Jacob, 1991: 121), et qu'Eratosthène a appliqué aux cartes géographiques sous le nom de *diorthôsis* – nous semble être, avant la lettre, l'application des deux axes conceptuels réciproquement perpendiculaires donc orthogonaux. Cette orthogonalité pose d'emblée la relation de coordination dans une position intermédiaire optimale entre les deux types de relation extrêmes: l'une que l'on pourrait nommer aiguë, qui tendrait à confondre les contraires à sa limite 0°, et l'autre, que l'on pourrait nommer obtuse, qui tendrait à annihiler les contraires à sa limite 180°. Ainsi les deux axes contraires coordonnateurs, tout en étant comme tels opposés de façon absolue (on peut donner autant de valeurs sur l'un sans en avoir aucune

59

sur l'autre et vice-versa), entretiennent une relation réciproque (corrélation), qui s'étale potentiellement sur tout le champ de l'entre-deux du quadrant qu'elles limitent.

Voyons de plus près d'abord le couple de contraires *ordre/hiérarchie* dans son opposition antithétique, avant leur synthèse médiatisée par l'*organisation*.

4.1 L'ordre

L'*ordre*, se référant à la «disposition intelligible entre une pluralité de termes» ou encore «à la disposition, succession régulière (de caractère spatial, temporel, logique, esthétique, moral)» (*Nouveau Petit Robert*, 1996), est un concept qui se déploie dans le plan horizontal (fig. 16). Il ne comporte pas de saut qualitatif, il ne change pas de plan, son trait distinctif est donc le manque de verticalité. Commençant à l'origine par la valeur zéro, identifié par le terme de désordre, l'ordre ne fait que croître.

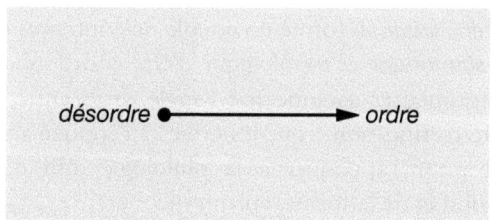

Figure 16: Le concept d'ordre

On peut considérer l'*ordre* soit comme un vecteur continu, soit comme un vecteur discontinu. Dans le premier cas, il est comme un segment sans aucune gradation, tandis que dans le second, il est plutôt gradué. Il y a lieu de croire que l'idée d'un ordre plutôt discontinu est plus proche de la réalité, ne serait-ce que celle du discours qui l'utilise comme découpage langagier. Dans ce cas, l'image symbolique la plus intuitive de l'ordre est rendue sans doute par la chaîne. Pour les mathématiciens surtout, l'*ordre*-

chaîne semble même un lieu commun[26]. Cet *ordre-chaîne* semble d'ailleurs être dans l'ordre des choses plutôt que dans celui des idées, pour lesquelles le terme de hiérarchie est plus adéquat. Quoi de plus clair pour penser à l'ordre, que la mise en ordre, la succession de chaînons tous identiques, se suivant uniformément les uns après les autres. Il n'y a pas d'autre différence à faire entre les chaînons que celle de l'ordre dans la succession ou la juxtaposition. Ils sont, au risque de se répéter, en ordre – et c'est tout!

Si l'*ordre* n'est pas *désordre*, s'il ne manque donc pas (s'il n'est pas au degré zéro), la succession qu'il engendre ne doit pas être confondu avec la *hiérarchie*, ou mieux la *hiérarchisation*, car entre plus d'ordre et moins d'ordre, il n'y a pas une différence de *niveau* qualitatif mais une différence de *degré* quantitatif. Les degrés de l'ordre ne s'empilent pas verticalement, ils s'étalent horizontalement en rang. L'ordre parle donc le langage de *l'hétérogénéité quantitative* (homogénéité qualitative). Celle-ci est exprimée assez bien par le terme de *différenciation*. L'*ordre* est différenciateur dans le plan horizontal d'un espace qui se considère isotrope. Dès lors il ne serait pas convenable de considérer cette différenciation autrement que dans un sens purement quantitatif, comme différenciation des parties les unes par rapport aux autres, dans l'enchaînement des choses. La distance depuis l'origine permet une mesure quantitative du degré d'ordre dans n'importe quel point du vecteur, car elle n'a pas de moyen propre pour faire valoir quelque niveau de hiérarchie que ce soit. Affirmer que la différenciation (la mise en ordre) engendre l'inégalité n'a donc strictement rien à voir avec la logique de l'ordre. Celle-ci est seulement quantitative et si, de surcroît, rien ne vient s'y opposer, elle peut tout aussi bien s'accroître que décroître et rien d'autre. L'*ordre*, dans un modèle ternaire, peut donc se formuler comme suit (fig. 17):

---

26 On parle ainsi fréquemment de «chaîne d'un ensemble ordonné» (Bouvier, George, 1979: 120).

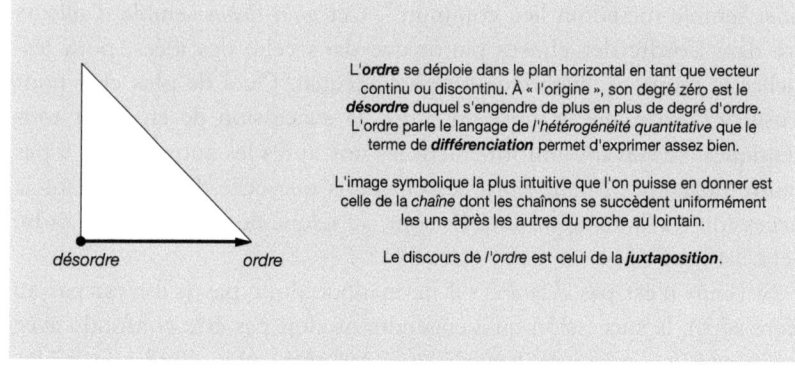

Figure 17: L'*ordre* dans le modèle ternaire

Mais que pourrait représenter cet *ordre* et vers quoi pourrait-il bien mener s'il n'y avait son contraire, la *hiérarchie*, un alter ego avec lequel se mesurer?

4.2 La hiérarchie

Au mot *hiérarchie*, le dictionnaire parle d'une «organisation d'un ensemble en une série où chaque terme est supérieur au terme suivant par un caractère de nature normative» (*Nouveau Petit Robert*, 1996). Concept opposé à l'*ordre*, la *hiérarchie* représente l'axe vertical du système ternaire (fig. 18). Elle comporte donc une rupture de plan avec l'ordre, car depuis son origine *anarchie*, qui coïncide avec le *désordre*, et jusqu'à l'extrémité sommitale, elle ne cesse de s'élever, d'acquérir de nouvelles qualités.

De même que l'ordre, la *hiérarchie* s'avère plutôt un vecteur ayant des valeurs discontinues, scandées par les niveaux hiérarchiques qui se superposent. En montant en hiérarchie, on passe de niveaux inférieurs à des niveaux supérieurs. Le *niveau* jouant pour la hiérarchie le même rôle que le *degré* pour l'ordre. Si pour l'ordre, on l'a vu, l'image intuitive représentative est la chaîne, pour la hiérarchie cette image symbolique est, nul doute, l'échelle. S'élever en hiérarchie équivaut à monter sur une échelle verticale, bien sur hiérarchique. Par son caractère plutôt qualitatif, la hiérarchie transforme l'espace qu'elle traverse en lui prêtant des qualités anisotropes, car fortement valorisées en allant vers le sommet. Ainsi, plus on est haut dans la hiérarchie plus cela est important, plus cela a de la valeur, plus l'endroit est sacré. Comment d'ailleurs ne pas relever à ce propos l'étymologie du terme *hieros* exprimant, en grec, le «saint», le «sacré» – et ce n'est sans doute pas par hasard si l'axe vertical de la hiérarchie constitue la colonne vertébrale du sacré en tant qu'*axis mundi* ou encore «arbre de vie» (Eliade, 1965).

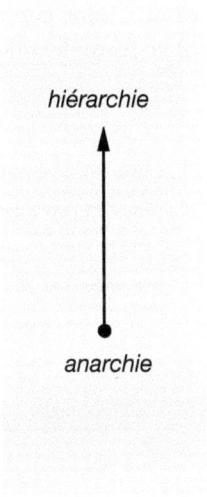

Figure 18: Le concept vertical de *hiérarchie*

A l'opposé de l'ordre, la *hiérarchie* exprime l'*hétérogénéité qualitative*. La simple différenciation de l'ordre dans le plan horizontal devient, dans le plan vertical et par hiérarchisation, *valorisation*. Si l'ordre nous parle du proche et du lointain (en quelque sorte, la distance), la hiérarchie nous parle d'inférieur et de supérieur, du bas et du haut (en quelque sorte de la différence, mieux, de la «déférence»). Il y a donc entre l'ordre et la hiérarchie une antinomie tellement évidente que toute confusion est impossible. Et pourtant cela n'est pas du tout le cas, sauf peut-être en ce qui concerne les écrits des dernières années, car si l'on veut en savoir plus sur l'un ou l'autre de ces deux concepts, on constate que pendant une très longue période, ils ont signifié la même chose, sciemment ou non[27]. La cause précise de cette confusion est difficile à établir, mais on peut penser que sa prolongation inhabituelle est en liaison avec le fait que l'image de verticalité, donc de hiérarchie, est calquée sur l'axe ordonné du système cartésien, lui-même vertical. Si le système des coordonnées utilisait, disons pour son axe vertical, le nom de «hiérarchisé», réservant pour l'axe horizontal celui d'ordonnée, et non d'abscisse comme c'est le cas, alors tant l'ordre que la hiérarchie seraient perçus comme «des idées claires et distinctes» pour ainsi dire, sans confusion. Dans une topologie ternaire, le concept de *hiérarchie* se formulera donc ainsi (fig. 19):

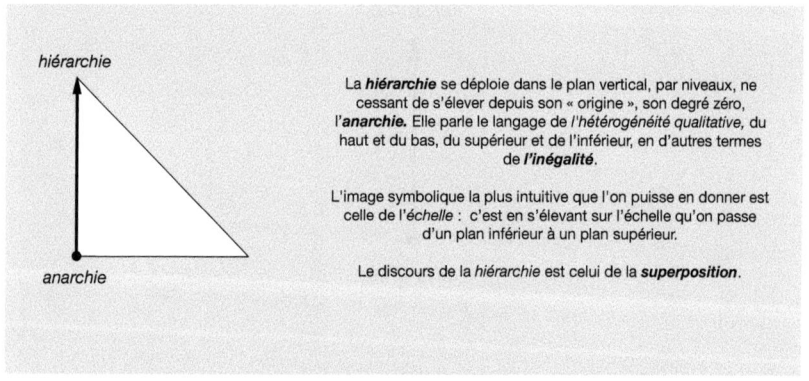

Figure 19: La *hiérarchie* dans le modèle ternaire

Nous allons revenir aux concepts *ordre/hiérarchie* pour montrer que l'un et l'autre n'ont de vraie réalité que s'ils se trouvent en relation réciproque, en *correlatio oppositorum*, médiatisés par un troisième, l'*organisation*.

---

27 *Dictionary of the History of Ideas*, (1973: 434-449).

4.3 L'organisation

Tant l'*ordre* que la *hiérarchie* n'ont de sens que dans leur relation réciproque à distance, c'est-à-dire dans leur corrélation. L'interface active *ordre/hiérarchie*, autrement dit l'*ordre hiérarchique* ou mieux encore l'*organisation*, est bien autre chose que la simple addition des deux termes. La démonstration peut profiter d'une analogie avec les écosystèmes naturels: on pourrait dire que l'interface active *ordre/hiérarchie* est tout comme ce milieu naturel à la frontière entre différents biotopes, c'est-à-dire un biotope particulier de lisière ou de transition que l'on appelle *écotone*. C'est, par exemple, l'écotone à l'interface d'une forêt et d'une prairie constituant un habitat particulier pour les espèces des biotopes contigus, mais aussi pour ses propres espèces spécialisées. Un écotone possède donc une organisation biocénotique qui combine tout autant des espèces des écosystèmes en contact que des espèces qui lui sont propres. De plus, et en général, la diversité des espèces dans l'écotone est plus grande que dans chacun des deux écosystèmes limitrophes. C'est dire que l'écotone est à la fois une forêt/prairie ou sylvosteppe, mais aussi qualitativement et quantitativement, autre chose. Il est le front entre les deux unités biocénotiques qui s'opposent sur toute la longueur et dont la dynamique est autant destructrice que créatrice d'espèces, agissant comme un catalyseur entre deux écosystèmes et possédant l'aptitude à contrôler la qualité et la quantité des échanges entre les deux. C'est en effet par l'interface active de l'écotone, ce troisième terme organisationnel émergeant de l'opposition contraire de grandes unités biocénotiques, qu'une grande partie de la spécialisation a lieu (apparition de nouvelles espèces végétales et animales). C'est d'ailleurs l'écotone, tout particulièrement celui entre la forêt tropicale et la savane, davantage que les écosystèmes des îles isolées (Galapagos, Madagascar, etc.) qui semble constituer le facteur générateur principal de la spéciation biologique terrestre et de la biodiversité.

Par leur qualité de contraires, qui suppose la compétition, le type de corrélation qu'entretiennent l'*ordre* et la *hiérarchie* sera de type inverse, négatif et non de type direct, positif. Cela veut dire concrètement que plus un contraire a une valeur élevée, plus l'autre a une valeur faible. A la limite si l'*ordre* touche sa valeur maximale, l'autre, la *hiérarchie*, devient nulle. Ainsi l'ordre perd aussi tout son sens. La relation la plus convenable, car la mieux balancée pour les deux contraires sera un certain équilibre dynamique à mi-chemin de la diagonale, entre les deux extrêmes. Si, par exemple, on considère un modèle ternaire avec un ordre à trois degrés (faible, moyen, fort) et une hiérarchie à trois niveaux (faible, moyen, fort), les relations réciproques entre les deux pourront s'étendre sur tout le front organisationnel de la diagonale de l'extrémité (hiérarchie=3 / ordre=0) jusqu'à l'extrémité (ordre=3 / hiérarchie=0), en passant par une infinité de situations intermédiaires.

Si l'*ordre* et la *hiérarchie* sont des concepts apicaux ayant leurs valeurs maximales à l'extrémité du vecteur, l'*organisation* est de son côté un concept médian possédant sa valeur optimale au milieu, à mi-chemin entre les deux. Sauf le cas de la montée aux extrêmes anéantissant le triangle par la disparition de l'un ou de l'autre de ses côtés, c'est-à-dire l'un ou l'autre des contraires, et donc aussi de l'organisation, tous les autres cas peuvent être envisagés dans le fonctionnement du modèle. Parmi ceux-ci, on trouve la relation équilibrée. Car si les deux contraires s'affirment ensemble, parce que justement contraires et en complémentarité compétitive, alors ils vont tendre de plus en plus vers un point qui se trouvera au milieu de la diagonale, là où les valeurs réciproques d'ordre et de hiérarchie vont s'équilibrer. Le point d'équilibre «T», ayant, suivant notre exemple, la valeur d'ordre 1,5 et la valeur de hiérarchie 1,5, est la clé de voûte de la diagonale organisatrice tout entière (fig. 20). Dans ce point «T» de la diagonale organisatrice, voie oblique à double sens, coexistent de façon antagoniste et équilibrée l'*ordre* et la *hiérarchie* dans un état de «semi-actualisation» et de «semi-potentialisation» réciproques, termes clés de la logique lupascienne, et qui sont la source de l'approche ternaire.

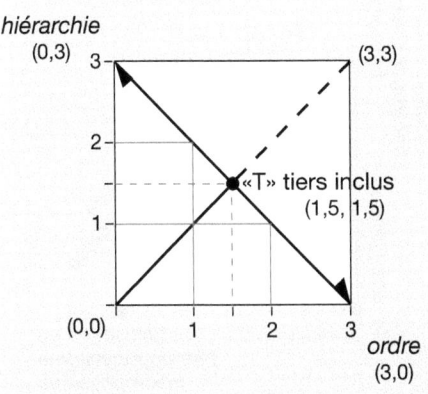

Figure 20: Exemples de situations intermédiaires *ordre/hiérarchie*
sur la diagonale organisatrice

A première vue, la logique pourtant ternaire de Stéphane Lupasco (1970a, 1987) s'exprimant paradoxalement à travers deux couples d'oppositions contradictoires relatives, *actualisation/potentialisation* et *hétérogénéisation/homogénéisation*, pour aboutir aux quatre types de systématisation énergétique de la matière, *macrophysique, biologique, microphysique, neuropsychique*, pourrait paraître une logique binaire ou bi-binaire (quaternaire). Or pour Lupasco le *microphysique* et le *neuropsychique* forment une conjonction conceptuelle isomorphique et synergique unique. Afin de faire coïncider le contenu et la forme de la logique lupascienne, on a construit un schéma explicitement ternaire puisqu'il est possible, en partant des deux couples d'oppositions contradictoires relatives, d'obtenir une organisation conceptuelle ternaire de la systématisation énergétique de la matière qui suive les règles des contraires à l'instar de l'*ordre*, de la *hiérarchie* et de l'*organisation*, se déployant depuis l'origine par l'orthogonalité vers l'accomplissement diagonal du système (fig. 21).

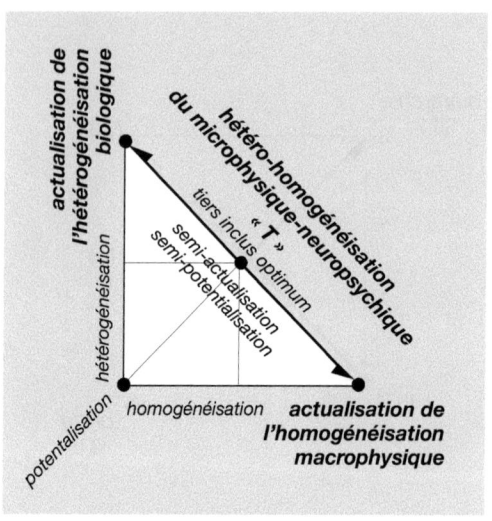

Figure 21: Le triangle logique lupascien

Si les concepts orthogonaux, dont le trait distinctif est la *vie*, sont, l'*actualisation de l'homogénéisation macrophysique* et l'*actualisation de l'hétérogénéisation biologique*, leur origine commune, *coincidentia oppositorum*, à la fois *potentialisation de l'homogénéisation* et *potentialisation de l'hétérogénéisation* est la *mort* (Lupasco, 1971). A l'autre bout sur l'axe diagonal, voie oblique de la *correlatio oppositorum* des contraires, s'actualisent simultanément et réciproquement, dans divers degrés d'hétéro-homogénéisation antagoniste et auto-régulatrice, la connaissance de la conscience et la conscience de la connaissance. Au milieu de la diagonale, se trouve le point «T» optimum de la conjonction dynamique fonctionnelle des contraires *macrophysique* et *biologique*, leur transfiguration en tiers concept complexe, *microphysique-neuropsychique* de l'être humain et de son ontologie existentialiste, cybernétique, affective et éthique (*ibid.*, 1970b, 1986). Grâce à la systématisation ternaire, pensons-nous, l'heuristique de la logique lupascienne trouve une configuration prégnante. On peut ainsi considérer que la devise de Lupasco «la contradiction, c'est la vie» (*ibid.*, 1986: 23), mise déjà au bénéfice du doute par Basarab Nicolescu (1999: 130) affirmant que «dans la logique du tiers inclus les opposés sont plutôt des contradictoires», peut devenir en réalité «la contrariété, c'est la vie»! En termes épistémologiques, la vie n'est pas une *coincidentia oppositorum*, mais une *correlatio oppositorum*, une relation d'opposition contraire dynamique, médiatisée par le *tiers inclus*, et non pas une opposition contradictoire originaire annihilante, néantisante. Le triangle logique exprime mieux la pensée ternaire de Lupasco, que ne peut le faire son propre schéma radial (*ibid.*, 1986: 27, 82).

Revenant au triangle logique et son concept diagonal, l'*organisation*, corrélation des axes coordonnateurs, peut être nommée aussi *ordre hiérarchique* ou *hiérarchie ordonnée*. Elle est le concept émergent de l'entre-deux, le tiers inclus de la logique ternaire, la voie oblique, le chemin de traverse. Il est à noter que ce point «T» se trouve aussi sur la bissectrice finaliste qui correspond à la corrélation directe des contraires, la plus grande qu'on puisse espérer dans un système fonctionnaliste. La corrélation entre l'*ordre* et la *hiérarchie* est un processus d'*organisation* d'où émergent des qualités nouvelles. De même que l'enfant, pour prendre l'exemple le plus organique[28] qui soit, a sa propre identité de tierce personne, tout en étant le résultat de la relation réciproque entre le père et la mère, ses réplicateurs génétiques. La corrélation directe des contraires peut se prolonger théoriquement au-delà du point «T» (fig. 22), jusqu'à l'extrémité, qu'on pourrait nommer *oméga* pour se référer à la dénomination proposée par Teilhard de Chardin (1956), là où le maximum de hiérarchie est rejoint par le maximum d'ordre. Cette convergence de type transcendantal de *méta-ordre* et *méta-hiérarchie* n'est pas de ce monde. C'est un rêve utopique, une espérance, irréalisables ici-bas où tout fonctionne sous la contrainte de la rareté, de la limitation et du compromis.

---

28 On oublie souvent combien l'organisation doit à l'organisme et à l'organicisme (Schlanger, 1971).

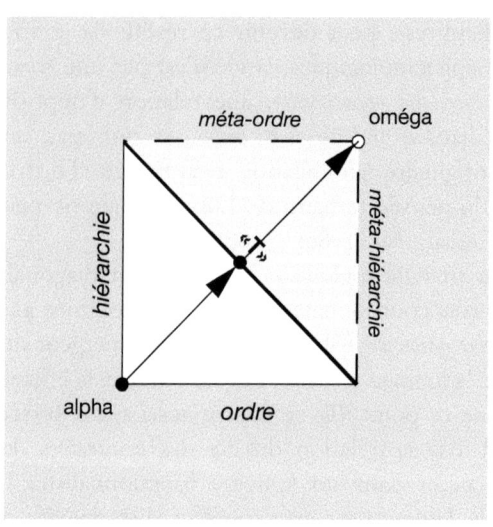

Figure 22: Le modèle de l'organisation transcendantale

La logique de l'organisation n'est donc plus verticale comme celle de la hiérarchie, ni horizontale comme celle de l'ordre, elle est oblique, *diagonale*[29]. En termes fonctionnels, si le discours de l'ordre est celui de la *juxtaposition* et le discours de la hiérarchie celui de la *superposition*, alors le discours de l'organisation sera celui de l'*imbrication* (enchevêtrement) rappelant l'arrangement des tuiles sur un toit ou celui de la spirale à l'instar de la vis d'Archimède. Toutefois par son caractère d'interface active entre l'ordre et la hiérarchie, l'organisation comporte un double sens qui n'est pas sans rappeler fonctionnellement un front[30] et sa *voie*

---

29 La *verticalité*, l'*horizontalité* et l'*oblicité* représentent le cadre anthropologique ternaire à la fois topologique et conceptuel dans lequel l'homme appréhende et organise son environnement immédiat mais aussi l'image du monde. Debout, planté devant l'horizontalité qui l'entoure, l'homme consciemment ou non est le modèle même des axes coordinateurs.

30 On entendra par «front» la relation conflictuelle, de type «interface active», toujours oblique, et ondulatoire entre des opposés corrélatifs (contraires) de toutes sortes. Par exemple «front atmosphérique» entre masses d'air froid et chaud, «front hydrologique» ou thermocline entre masses d'eau salée et douce,

oblique. Ainsi l'image intuitive représentative de l'organisation ne sera ni la chaîne ni l'échelle, mais l'escalier ou la rampe (suivant que l'on a une logique discrète ou une logique continue).

On peut toujours gloser sur la chaîne en tant qu'expression de l'ordre et de son horizontalité et s'imaginer une chaîne verticale. On peut en faire tout autant à propos de l'échelle en tant qu'expression de la hiérarchie verticale, car on peut bien s'imaginer une échelle couchée horizontalement. Il n'en est pas de même de l'escalier, car il ne peut être qu'oblique. L'organisation, à son tour, ne peut être qu'oblique, diagonale. Elle force ainsi à penser la chaîne comme horizontale et l'échelle comme verticale si l'on veut obtenir une corrélation médiatrice (par un tiers concept) de deux concepts orthogonaux coordinateurs. C'est par la voie oblique que la cohérence conceptuelle s'installe.

Sur l'escalier, il vaut mieux se trouver au milieu, au point «T», qu'aux extrémités. A l'extrémité supérieure, l'escalier nous mène vers une organisation toujours plus hiérarchisante au point de disparaître au profit d'une hiérarchie pure tandis qu'à l'autre extrémité, elle mène vers une organisation toujours plus «ordonnante» se transformant en ordre pur. Dans les deux cas extrêmes, l'organisation n'existe évidemment plus. C'est en changeant la position sur la diagonale et parfois même la pente de celle-ci que l'organisation change. Enfin, dans une perspective ternaire, les pôles négatifs des trois catégories ordre/hiérarchie/organisation coïncident dans l'origine. Le *désordre*, l'*anarchie* et la *désorganisation* expriment la même chose, la potentialité immanente lourde de toutes les promesses pas encore actualisées. La modélisation topologique de l'organisation peut ainsi se présenter comme suit (fig. 23):

«front tectonique» entre croûte continentale et croûte océanique, «front écologique», ou encore «écotone», entre biomes divers (par exemple forêt et prairie) et pourquoi pas «front militaire» entre belligérants. Il est de plus en plus question que l'étude des fronts s'organise en une véritable discipline, qui reste à définir mais qu'on pourrait nommer «frontologie», et dont la polémologie, par exemple, serait un cas particulier appliqué aux conflits politiques, économiques, armés. Pour une telle discipline le tiers inclus, l'entre-deux et son intelligence médiatrice, peut apporter une contribution décisive pour maintenir une trêve durable entre les acteurs antagonistes (Caplow, 1971).

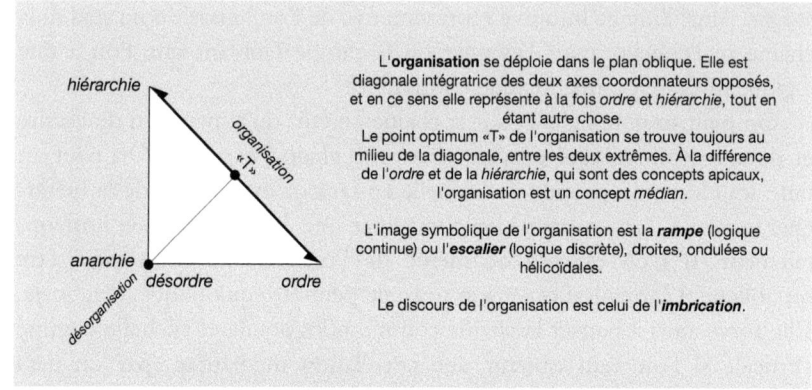

Figure 23: L'*organisation* dans le modèle ternaire

A part ce glissement sur la diagonale, vers un pôle ou l'autre, l'*organisation* prise dans son ensemble peut aussi se trouver en déséquilibre ou modifiée par beaucoup d'autres facteurs.

Déséquilibres organisationnels

Ainsi, tout en respectant formellement le modèle, il se peut d'abord que le système soit sous-organisé. C'est le cas d'une corrélation *ordre/hiérarchie* qui n'est plus linéaire, donc plus sur la diagonale véritable, mais qui aurait plutôt la forme d'une courbe concave avec l'indice d'organisation (T=1) et non (T=1,5) (fig. 24). La sous-organisation s'exprime par le fait que toutes les valeurs de l'ordre et de la hiérarchie sont sous-estimées. Si, par ailleurs, on se trouve dans un système où l'autorégulation ne fonctionne pas, à savoir que les valeurs de l'ordre et de la hiérarchie ne peuvent sortir de leur sous-organisation, c'est la rupture par effondrement: c'est l'implosion.

Il se peut aussi que le système tout entier soit sur-organisé. Cela est possible quand la corrélation *ordre/hiérarchie* s'exprime sous la forme d'une courbe convexe ayant, par exemple, l'indice d'organisation (T=2) au lieu de (T=1,5) (fig. 24). Sous la pression des valeurs surestimées de l'ordre et de la hiérarchie, l'organisation risque à nouveau d'être détruite.

Il y a à nouveau rupture, mais par pression cette fois. Le système explose.

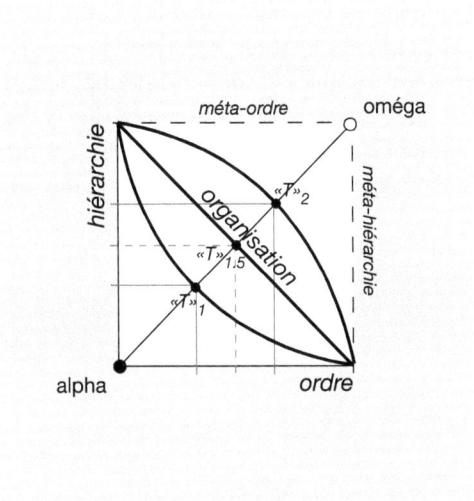

Figure 24: Organisation, sous-organisation, sur-organisation

C'est seulement dans le cas évolutionniste final, «transcendantal», qu'on peut s'imaginer une sur-organisation dont la courbe convexe se confondrait finalement avec les deux axes de la *méta-hiérarchie* et du *méta-ordre* et où le point «T» se confondrait avec le point *oméga*. Tout ce développement extrême ne concerne pas le domaine de la fonctionnalité réelle, la seule qui nous intéresse vraiment ici.

Il se peut aussi, et c'est peut-être le cas le plus fréquent en réalité, que la fonctionnalité même de la diagonale, sous la pression des tendances à la fois sous-organisatrices et sur-organisatrices, se met à osciller en méandres pour pouvoir intérioriser les tendances contraires, sans rupture. Cela donne une courbe asymptote inverse (moulée sur la diagonale et non sur la bissectrice) qui permet une redistribution compensatrice des perturbations entre le haut et le bas de l'organisation. Ce versant, cette pente convexe-concave du front organisationnel, oscillant autour d'un point d'équilibre (de flexion) quelque part au milieu de la pente, serait isomorphe à celui du modèle dit de Richter, bien connu des géomorphologues et utilisé dans la modélisation des versants pour représenter le profil normal d'un relief en équilibre dynamique (Baulig, 1950).

L'organisation peut encore subir les effets déséquilibrants introduits par le fait que les deux variables axiales coordonnatrices (l'ordre et la hiérarchie) n'ont pas de valeurs égales; autrement dit, la diagonale n'a plus sa pente normale de 45°. Si, par exemple, l'ordre est de valeur 2 tandis que la hiérarchie de valeur 3, le système n'aura pas une organisation équilibrée (fig. 25).

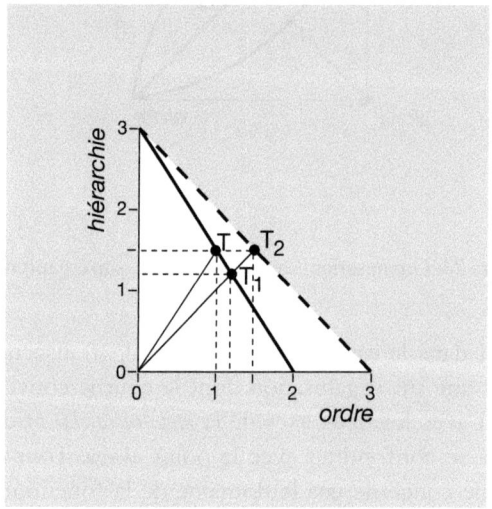

Figure 25: Organisation hiérarchisante

Dans ce cas, l'indice d'organisation (T) se trouvant au milieu de la diagonale va avoir de toute évidence d'avantage de hiérarchie (1,5) que d'ordre (1). L'organisation sera hiérarchisante et rien ne pourra vraiment changer les choses dans ce cadre. On peut envisager tout de même comme palliatif la conduite de l'organisation depuis un point plus bas T1 dans le point de mire de la bissectrice de l'angle droit car celle-ci projette le foyer organisationnel du modèle équilibré. De ce point T1, la gestion de l'organisation va tenter de réduire la pression hiérarchique et éventuellement guider le modèle dans une nouvelle recherche d'équilibre. Dans ce cas, on aura alors un peu plus d'ordre que de hiérarchie. Le rééquilibrage durable sera obtenu seulement pas l'accroissement de l'ordre de 2 à 3 et par l'émergence du foyer T2. La distance ou l'écart à T2 nous semble une mesure du degré d'asymétrie, de déséquilibre d'une organisation. Elle est toujours l'expression d'un risque de désorganisation si la réorganisation comprise ici comme correction normalisante, n'intervenait pas. La meilleure chance pour une organisation équilibrée est que les valeurs des contraires puissent être équivalentes. Tout bricolage sur une diagonale déséquilibrée au départ (qui n'a pas la pente à 45°) est possible, mais sera toujours provisoire.

Tout en étant si claire et distincte, l'*organisation* ne peut pas pour autant être déterminée avec une rigueur absolue, mathématique. En réalité, elle est une corde qui vibre sous l'effet de la dynamique contraire des forces à la fois ordonnatrices et hiérarchisantes. Elle nous fait penser aussi à la droite de corrélation entre deux variables en relation inverse, c'est-à-dire contraires, telle que la statistique nous l'enseigne.

Ces exemples, pris comme illustrations de possibilités d'interrelations offertes par le modèle, se trouveront peut-être encore rehaussés par les quelques remarques qui suivent à propos d'une autre manière qualitative d'apprécier l'*organisation*.

Dégron, nivon, intégron, organon

On se souviendra qu'en parlant d'*ordre*, on affirme qu'une bonne mesure de celle-ci en est le *degré*. De même s'agissant de la *hiérarchie*, on a considéré qu'une bonne mesure en est le *niveau*. Parlant de l'*organisation*, on peut se demander quel peut être le terme qui exprime le mieux sa mesure, car il y a, suivant les cas, de grandes différences de complexité entre les organisations. Cette mesure qui devrait être une sorte de mini-corrélation entre le niveau et le degré, une diagonale élémentaire de l'organisation, se trouve interprétée d'une façon remarquable par François Jacob (1970: 320-345). Il donne à cette mesure le nom d' «intégron» affirmant qu'il représente l'unité élémentaire de l'organisation du vivant.

Cela facilite bien notre tâche car, à la lumière de ce terme, on peut reconsidérer ceux de degré et de niveau, déjà bien utiles, mais qui ne se réfèrent pas précisément à l'organisation (fig. 26).

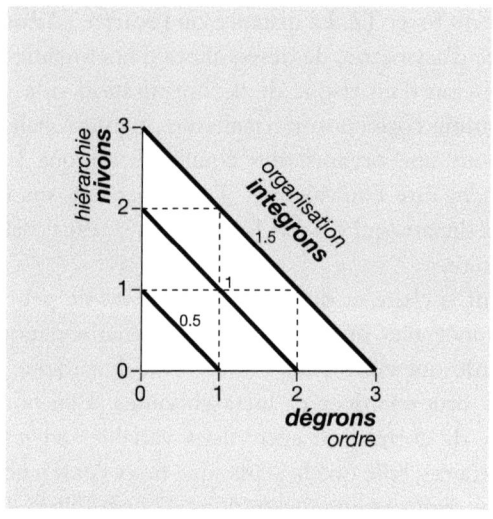

Figure 26: Couches diagonales d'organisation

Nous pourrions ainsi proposer que la mesure de l'organisation soit l'*intégron*, la mesure de l'ordre soit nommée *dégron* et celle de la hiérarchie *nivon*. On pourrait de la sorte éliminer bien des équivoques. Si l'unité de mesure de l'organisation est l'intégron, on peut dire alors qu'il intègre (organise) une unité de mesure de la hiérarchie (nivon) avec une unité de mesure de l'ordre (dégron). Chaque fois que dans une organisation on passe d'un niveau hiérarchique inférieur à un niveau supérieur, on passe automatiquement et symétriquement d'un degré d'ordre supérieur à un autre inférieur. Cela veut dire que les intégrons, qui représentent précisément ce type de passage, sont tous identiques mais qu'ils diffèrent par contre par la position qu'ils occupent dans la structure de l'organisation. On s'attend donc à ce que les intégrons se trouvant au milieu du triangle au long de la bissectrice entre l'origine et le milieu de la diagonale soient, pour ainsi dire, plus intégrons que les autres car ils organisent de façon équilibrée autant de nivons de hiérarchie que de dégrons d'ordre.

Revenant à notre structure ternaire à trois niveaux (étages) de hiérarchie et à trois degrés (compartiments) d'ordre, on voit que celle-ci aura par conséquent trois couches d'intégration organisatrice en diagonale, de l'intérieur vers l'extérieur (fig. 26). Ces trois couches sont de plus en plus tendues et étendues vers l'extérieur, car si la première est formée par un seul intégron ayant l'indice d'organisation 0,5 dans son point T, la deuxième est formée par deux intégrons ayant l'indice d'organisation 1, tandis que la troisième est formée par trois intégrons ayant l'indice d'organisation 1,5. Dans ce même schéma, chacun des neuf triangles élémentaires de l'organisation – et pourquoi ne pas les nommer «organons»[31] – contient une triade élémentaire *dégron | nivon / intégron* qui aura un rôle spécifique dans la structure d'ensemble de la logique ternaire. Il est

---

31 L'unité élémentaire d'une organisation complexe, qui commence évidemment par celle de l'ordre trois, pourrait être nommée *organon*, en référence à l'œuvre d'Aristote où les catégories et les concepts occupent une place de choix! Chaque organon est un triangle rectangle isocèle dont le côté horizontal porte le nom de *dégron*, le côté vertical de *nivon*, tandis que la diagonale porte le nom d'*intégron*. Dans le champ organisateur d'ordre trois, le pavage élémentaire – le maillage – comporte neuf triangles-organons structurés suivant trois paliers horizontaux, trois échelons verticaux et trois gradations diagonales. Les paliers ont respectivement trois, deux et un dégrons, les échelons ont respectivement trois, deux et un nivons, tandis que les gradations ont respectivement un, deux et trois intégrons. Au total, neuf organons dont seulement six possèdent, par leur position dans la structure du champ, un rôle organisateur. Cela est vrai de tous les triangles élémentaires semblables à celui de l'organisation complexe (c'est-à-dire plus d'un degré d'ordre et plus d'un niveau de hiérarchie) du niveau trois dont ils font partie. L'organon, le triangle élémentaire de la logique ternaire, est un maillon du maillage organisationnel. Il rappelle un élément de l'escalier (encore une logique en pente), la marche, «contrainte psychomotrice d'une démarche et d'un comportement» comme nous l'a révélé Abraham Moles (1982: 34). La marche est l'unité d'un escalier logique d'organisation d'ordre 3. Les dégrons ont des paliers, les nivons ont des échelons, les intégrons ont à la fois des paliers et des échelons, c'est-à-dire des gradations. A l'horizontal on a les éléments *dégron-palier-giron*, à la verticale on a les éléments *nivon-échelon-contre-marche*, sur le plan oblique on a les éléments *gradin-gradient-marche*.

cependant impossible de dire quel est ce rôle dans le cadre d'un modèle de théorie générale de l'organisation. La seule application d'un modèle de ce type a été menée, à notre connaissance, dans le domaine de la microphysique[32].

Il n'est donc pas vrai, et notre modèle avec le foyer organisateur se trouvant au milieu de la diagonale, là où la bissectrice vient en intersection, le prouve amplement, que l'intégration organisatrice serait d'abord et surtout une tendance à la hiérarchisation croissante, et donc éminemment verticale comme l'affirme François Jacob (1970: 323). De même quand Edgar Morin (1980), parlant de hiérarchie, la considère «un concept ambigu et ambivalent oscillant entre deux polarisations» ou présentant «deux visages opposés, deux sens à la fois antagonistes, concurrents et complémentaires», ou encore quand il écrit qu'à l'intérieur de la hiérarchie «le mouvement du bas en haut (émergence) et le mouvement du haut en bas (contrôle) sont à la fois les mêmes et adverses» (*ibid*.: 313-323), il se réfère – en fait et sans doute – à l'intégration organisatrice, mais sans vision oblique il confond *ordre* et *hiérarchie*. Car si l'organisme vivant est capable de maintenir automatiquement l'état normal de son fonctionnement, par ce qu'on appelle des mécanismes homéostatiques d'autorégulation, c'est que la tendance de verticalisation de la hiérarchie est corrélée par la tendance contraire et équivalente d'horizontalisation de l'ordre. L'organisation du vivant s'agrège entre les axes coordonnateurs catabolique et anabolique, suivant la voie oblique diagonale du métabolisme, au plus près du point d'équilibre dynamique se trouvant à mi-chemin.

Point de vue fonctionnaliste, point de vue finaliste

Tout ceci appuie le fait que l'organisation, se déplaçant au long de la diagonale fonctionnelle depuis le point «T» entre les deux extrémités représentées par les axes coordonnateurs, est dynamique, conflictuelle et ouverte. En revanche, dans le cas d'une approche finaliste, on suppose qu'entre l'ordre et la hiérarchie s'installe une corrélation directe, au long

---

32 C'est par exemple le cas du schéma de la réalité physique que Jean-Emile Charon nous livre à propos des particules élémentaires (Charon, 1983: 141).

de l'autre voie oblique qu'est la bissectrice, depuis l'origine, que l'on pourrait ici appeler *alpha* et jusqu'à la destination du point transcendant *oméga*, pour reprendre des termes connus, et que l'on peut illustrer de la manière suivante (fig. 27):

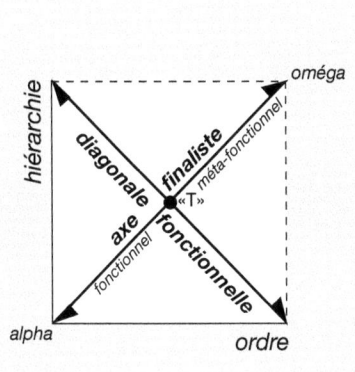

Figure 27: Le modèle finaliste sur la bissectrice origine (*alpha*) - destination (*oméga*) et le modèle fonctionnaliste sur la diagonale de l'organisation

Dans cette dernière perspective, on revient au modèle quaternaire et son achèvement logique, la *transorganisation*, un «super-arrangement» (Teilhard de Chardin, 1955: 244) dans laquelle l'*ordre* maximal s'identifie avec la *hiérarchie* maximale. Elle n'est plus un front diagonal, comme toute organisation normale, mais bien un point final. Un point tout comme celui de la désorganisation parfaite de l'origine, mais à l'autre extrémité. Ni l'une ni l'autre ne concerne l'organisation optimale de la diagonale fonctionnelle.

Tout cet effort de géométrisation des concepts, dans le sens opératoire mais sans tomber dans le formalisme géométrique des néo-pythagoriciens, représente un moyen qualitatif simple pour augmenter leur pouvoir explicatif et cela d'une façon intuitive si tant était que, comme le suggère Blanché (1973: 95), «loin que la logique puisse supplanter l'intuition, c'est l'intuition qui, en dernier ressort, doit juger de la validité des règles de logique». C'est pour cela que notre démarche se veut davantage une vision qu'une lecture de la logique ternaire.

Chapitre 5

Information | signification / communication

> «[...] on ne peut pas ne pas communiquer [...].»
> Paul Watzlawick *et alii*, *Une logique de la communication*, 1972: 46.

Issues d'une autre triade non moins célèbre (Carnap, 1942: 9) celle de la *syntaxe, sémantique* et *pragmatique*, qui coordonne toujours le champ sémiotique des linguistes, l'*information*, la *signification* et la *communication* se sont imposées plus tard après avoir compris la nature de l'information, l'entrée logique dans cette triade. C'est donc seulement après que la théorie de l'information fut élaborée par Shannon et Weaver en 1949 que sa nature devient partie prenante dans le schéma épistémologique ternaire. Si l'on reprend la triade formée par la *syntaxe*, la *sémantique* et la *pragmatique*, on pourrait dire alors que le premier de ces trois domaines recouvre des problèmes de transmission de l'information, le deuxième relève de la signification et le troisième, de la communication et du sens. L'information est le domaine par

> excellence du théoricien de l'information. Celui-ci a pour objet d'étude les problèmes du codage, des canaux de transmission, de la capacité, du bruit, de la redondance et autres propriétés statistiques du langage. Ces problèmes sont d'abord des problèmes de syntaxe; et le théoricien de l'information ne se préoccupe pas du sens des symboles qui constituent le message. Le problème du sens est l'objet principal de la sémantique. Quoiqu'il soit parfaitement possible de transmettre des séquences de symboles avec une précision syntaxique parfaite, ces symboles demeureraient vides de sens si l'émetteur et le récepteur ne s'étaient mis d'accord auparavant sur leur signification. En ce sens, tout partage d'information présuppose une convention sémantique. Enfin, la communication affecte le comportement et c'est là son aspect pragmatique (Watzlawick, 1972: 15-16).

Dès lors la mise en modèle s'impose (fig. 28):

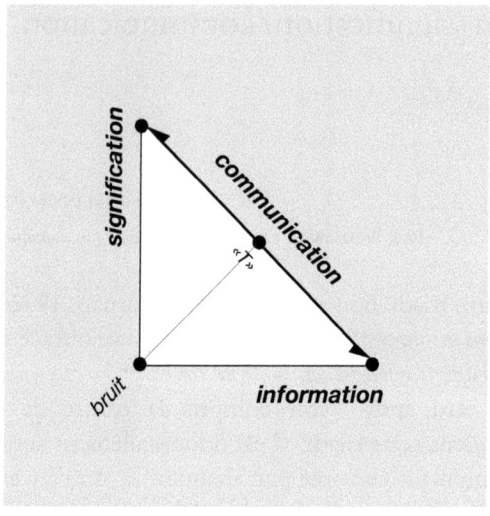

Figure 28: Le modèle ternaire *information|signification/communication*

Le schéma exprime le fait que l'*information* et la *signification* sont des opposés contraires qui n'ont en réalité d'existence que l'un par rapport à l'autre. Ce rapport indispensable entre les deux, à la fois informant et signifiant, est médiatisé par la *communication*. Ce modèle conduit ainsi à une interprétation médiologique[33] (Debray, 2001) qui met en valeur la place de tiers inclus de la communication. Cette interprétation ne pourra pas ne pas mettre aussi en évidence le fait que l'*information*, c'est de l'*ordre*, que la *signification*, c'est de la *hiérarchie* et que, enfin, la *communication*, c'est de l'*organisation*.

---

33 «L'étude des médiations qui est la médiologie ne peut jamais oublier le petit intermédiaire, le tiers exclu ou le troisième larron des transmissions dont ‹les grands penseurs› font traditionnellement fi» (Debray, 2001: 76).

5.1 L'information

Par le fait même d'avoir été considéré axe horizontal l'*information* sera, de même que l'*ordre*, une valeur quantitative (Shannon, Weaver, 1975)[34]. En effet, l'*information* se réfère à quelque chose de nouveau, transmis de l'émetteur au récepteur. Cette information est considérée indépendamment de toute signification qualitative, en termes de simple probabilité d'apparition. Si nous étions absolument certain qu'une information, qu'un évènement surviendrait (tel le tirage d'une boule noire dans un sac ne contenant que des boules noires, par exemple), celle-ci ne nous apprendrait rien et la quantité d'information qu'elle nous apportera sera strictement nulle. Mais

> [...] si son apparition était aléatoire (tirage d'une boule noire dans un sac contenant également des boules blanches), une incertitude sera levée, et le gain en information sera d'autant plus grand que la probabilité de l'évènement était plus faible.
> Un évènement peu probable sera porteur d'une grande quantité d'information mais il se réalisera peu souvent. Au contraire, l'apparition d'un évènement très probable apportera peu d'information à la fois mais elle se réalisera souvent (Passet, 1979: 167).

L'*information* se nourrit donc de l'entropie de l'information, de l'incertitude et elle est quantitativement d'autant plus grande qu'elle a moins de chance de se produire. On peut ainsi s'imaginer l'*information* comme une fuite en avant vers des séquences d'évènements finis (probabilistes) de plus en plus longs qui donneront des informations de moins en moins

---

34 Datant de 1948, les théories de Norbert Wiener, qui fut professeur de Claude Shannon, marquent un tournant important dans notre manière de concevoir l'information, en particulier celui de considérer que l'information quantifiée est indépendante de l'observateur et qu'il ne faut pas confondre quantité d'information et signification de l'information. La théorie de Shannon introduit notamment les concepts d'*entropie* (l'état d'incertitude associé au degré de liberté de choix de l'émetteur lorsqu'il construit le message) et de *redondance* (plus un message est redondant, moins il contient d'information). Voir Shannon, Weaver (1975) et une excellente revue des notions abordées par Gilles Willett (1992) qui fait la liaison information, communication, organisation.

probables et donc de plus en plus importantes. Mais l'information finale et définitive, d'une importance capitale, celle que le progrès scientifique cherche avec fébrilité, ne viendra jamais car sa probabilité d'apparition, tout bien vu, est nulle!

L'échelle des valeurs est absente de l'information, il n'y a que de l'ordre. L'image de la chaîne est utile à ce titre et nous aide, en quelque sorte, à mettre en ordre de quantité croissante les séquences d'information tel que, par exemple, on le trouve matérialisé dans des objets de plus en plus informés par le travail humain, comme nous l'enseigne l'économie. C'est dans ce sens que l'information, ordonnatrice du processus économique et créatrice de valeur d'usage, peut être considérée indépendamment de la valeur d'échange. De manière complémentaire, on pourrait dire que la signification, en tant que créatrice de valeur d'échange, indépendamment de la valeur d'usage, est hiérarchisante pour le processus économique. Mais en échangeant sur le marché ces *informations* économiques (valeur d'usage) achetables, en tant que significations économiques (valeur d'échange) consommables, les deux se transforment en *communication* économique à la fois universelle, abstraite et volatile, par le jeu de l'offre et de la demande ainsi que du prix exprimé en argent. Ce faisant, le rapport des prix médiatise la valeur d'usage et la valeur d'échange. Mais malgré ce que semble vouloir nous faire croire la théorie économique classique, le niveau du prix n'est pas le reflet de l'équilibre sur un marché libre entre l'offre et la demande, régulé par la simple rareté-utilité. Avant d'être échangés sur le marché, les produits économiques subissent une hiérarchisation de valeurs qui est imposée par l'usage culturel (symbolique) influant largement sur la demande. Ce n'est pas la rareté, comprise simplement quantitativement, qui crée seule la valeur marchande, elle agit conjointement avec la rareté qualitative fortement hiérarchisée symboliquement[35].

C'est ainsi que la consommation devenue échange, médiatrice économique entre l'offre informante et la demande signifiante, est de même

---

35 Comment expliquer autrement le fait qu'un «bifteck reste la viande la plus chère, même si l'offre absolue de bifteck est beaucoup plus importante que l'offre de langue» (Sahlins, 1980: 222).

nature que la communication de langage[36], faisant du système des objets (Baudrillard, 1968) une personnification des relations humaines et sujet principal de débat dans notre société (Baudrillard, 1970). Oscillant théoriquement entre une pure nécessité physiologique et une pure futilité hédonique, la consommation cherche son point d'équilibre dans le moyen terme d'une modération éthique, probablement illusoire tant l'innovation mimétique de l'économie de marché et son arsenal publicitaire allument en chacun de nous les feux de l'envie d'avoir toujours plus, au point que ce que l'on a devient ce que l'on est, signe de fétichisation marchande de l'être humain. Déjà en 1867 Marx a bien étudié le cycle production-échange-consommation de la marchandise et ce qu'il en dit reste valable: «Une marchandise paraît au premier coup d'œil quelque chose de trivial et qui se comprend de soi-même. Notre analyse a montré au contraire que c'est une chose très complexe, pleine de subtilité métaphysique et des arguties théologiques» (Marx, 1985, Livre I, section I à IV: 68). Aujourd'hui la consommation somptuaire est contrainte de se raisonner pour devenir durable. Pour y arriver, il faudrait au moins introduire à côté de la valeur d'usage et de la valeur d'échange marchands une troisième, la «valeur de dommage» sur les ressources naturelles et humaines qui prendrait enfin en compte les coûts externes réellement engendrés. Cela permettrait d'avoir la valeur-critère pour mesurer l'avantage de l'écodéveloppement.

L'information économique est aussi cette «pensée latérale» que Edward De Bono (1973) considère informante, discontinue et originale, toujours au service de la créativité dans l'entreprise. En cela elle s'oppose évidemment à la pensée verticale signifiante, continuelle et banale. Tout en affirmant que les deux types de pensées – latérale et verticale –, sont les deux extrémités opposées d'un spectre, De Bono (*ibid.*: 12) n'envisage jamais une pensée diagonale, relationnelle. Il passe ainsi à côté de l'organisation, la véritable *organisation*, car pour agir utilement dans quel-

---

36   «La consommation elle-même est un échange (de signification), un discours, auquel des qualités pratiques, ‹utilités› ne sont attachées que post facto: ceci est vrai de la communication de langage» (Baudrillard, 1972: 76-77).

que entreprise que ce soit, et non seulement économique, il faut surtout une pensée diagonale.

Un autre caractère de l'information est le fait d'être émettrice, univoque et par conséquent *impérative:* c'est un ordre à l'intention du récepteur. A cet égard, les mass média restent encore essentiellement des instruments de l'information, de l'ordre, de l'impératif, car généralement il n'y a pas de contrôle de cette information en retour, par manque de réelle communication interactive. Rien a priori dans une information partie de l'émetteur (locuteur) ne prouve qu'elle réponde à une demande du récepteur. Quoi donc de plus informant, au sens aristotélicien, qu'un ordre à exécuter (Thom, 1974: 201). Mais l'analogie information-ordre est encore plus profonde car, depuis que Von Fœrster lança en 1960 le principe de l'ordre à partir du bruit, les recherches ne font que confirmer que l'ordre c'est de l'information, de même que le bruit, c'est le manque d'information, c'est l'entropie, c'est-à-dire le désordre informationnel (Atlan, 1979: 64).

Plus l'information augmente, plus l'ordre augmente aussi. Aussi complexe qu'elle soit, l'information ne peut pas sortir d'elle-même, de l'ordre des choses en quelque sorte; il faut imaginer quelque chose qui le permette. C'est seulement en étant en même temps hiérarchique (signifiante) que l'information peut faire passer la communication nécessaire. Ce quelque chose, c'est l'origine commune de la bifurcation orthogonale de l'information et de la signification. Elle est *coincidentia oppositorum* de la non-information et de la non-signification, autrement dit le «bruit». Le discours de la signification décolle verticalement du même point originaire du bruit d'où l'ordre, lui, s'étale horizontalement. «Ainsi le principe de complexité par le bruit, c'est-à-dire l'idée d'un bruit à effets positifs, c'est la façon détournée que nous avons d'introduire les effets du sens, de la signification, dans une théorie quantitative de l'organisation» (*ibid.*: 88) tout au début de son actualisation.

C'est d'ailleurs par souci de donner à l'information un sens propre, antinomique par rapport à la signification, les deux nécessaires à l'émergence corrélative de l'organisation, qu'Edgar Morin s'insurge contre l'insidieuse transformation de l'information en une sorte de principe universel puisque celle-ci «est devenue une notion qui prétend à l'emprise sur toutes choses physiques, biologiques, humaines. Elle entend désormais régner de l'entropie à l'anthropos, de la matière à l'esprit» (Morin, 1977: 310). Ainsi sans diminuer en aucune façon le rôle de l'information, nous en restons à sa définition quantitative, débarrassée de toute référence directe subjective et signifiante, qui fait d'elle l'instrument privilégié pour comprendre l'ordre thermodynamique du monde (Rosnay, 1975: 171-172).

5.2 La signification

Si l'*information* est horizontale et quantitative, la *signification*, de son côté, est verticale et qualitative. Elle ne se nourrit plus d'incertitude, comme l'information, mais bien au contraire de *redondance*, c'est-à-dire de certitude. Si l'information a un côté de découverte, d'étonnement, de nouveauté, la signification a plutôt un côté de reconnaissance, de mémoire partagée, de déjà vu, de bien commun, de consensus, d'appartenance. A travers la signification, c'est la hiérarchie des valeurs qui se fraie un chemin[37].

Son importance est fondamentale pour la cohésion de la société humaine. Si l'information satisfait le besoin de curiosité, de nouveauté, la signification satisfait un besoin, non moins fondamental, de sécurité, de continuité, de partage: celui d'être rassuré. Il est vrai que ce que l'on connaît déjà est redondant, cela ne nous apprend rien de neuf, mais justement à cause de cette redondance on se rappelle ce que nous sommes, par l'exercice de la mémoire, de la tradition. Faire vivre la redondance dans tous ses détails, par remémorations successives et festives, revient à faire de celle-ci la source de la signification même de nos valeurs les plus chères. Puisque l'on sait maintenant que plus une information signifie, moins elle nous informe, on peut considérer la redondance (la significa-

---

37 Pour autant la confusion entre *signification* et *sens* reste toujours possible tant que l'information n'est pas prise en considération. «Cassirer insiste sur le fait que la signification apporte quelque chose de *plus* que le sens, mais par ailleurs la signification se construit *sur* le sens» (Janz, 2001: 248).

tion) comme de l'information certaine, une confirmation attendue. Cette thésaurisation de l'information se transforme en mémoire collective, en culture et enfin en sacré par une mise en hiérarchie des significations. Ainsi devenue signification, l'information ne se renouvelle plus mais en échange se réitère, se réactualise, se remémore dans ses plus petits détails pour qu'on puisse se rassurer qu'elle est toujours près de nous, preuve de notre propre identité, de notre pérennité, de notre unité (Eliade, 1965: 71). Hiérarchisées en *échelle*, les valeurs, gorgées de signification allant jusqu'au sacré, constituent l'axe vertical, la dimension culturelle de la société humaine. Mais pour que la communication humaine puisse organiser la société, il ne suffit pas de considérer d'un côté l'information innovante et de l'autre la signification redondante, mais leur relation pragmatique intersubjective.

5.3 La communication

Sa position médiane et son rôle médiateur entre les deux concepts contraires *information* et *signification* nous mènent directement au triangle logique et la position diagonale de la *communication* ou du sens à double sens. De cette manière la *signification* et l'*information* se rencontreront pour créer ensemble l'intégration organisatrice de la communication. Entre la signification et sa hiérarchie verticale et l'information et son ordre horizontal, quoi de plus normal que de trouver la communication en tant que leur organisation réciproque (Rosnay, 1975: 171-172). Dans l'ouvrage maintenant classique de l'école de Palo Alto, *Une logique de la communication* (Watzlawick, 1972), on trouve confirmé d'ailleurs par une phrase célèbre non seulement ce que tout un chacun sent intuitivement, à savoir qu' «on ne peut pas ne pas communiquer» mais aussi, et surtout, la structure ternaire du modèle *information | signification / communication*, du moins implicitement. Ainsi, considérant que «tout échange de communication est symétrique ou complémentaire selon qu'il se trouve sur l'égalité (non-ordre, syntaxique) ou la différence (hiérarchie, sémantique)» (*ibid.*: 68), les auteurs de Palo Alto arrivent à la conclusion, qui est aussi la nôtre, de la corrélation entre les deux tendances, car le paradigme symétrie-complémentarité est peut-être celui qui se rapproche le plus du concept mathématique de fonction, les positions des individus n'étant que des variables susceptibles de prendre une infinité de valeurs dont le sens n'est pas absolu, mais n'apparaît que dans leur relation réciproque (*ibid*.: 69).

Exprimé sur le triangle logique, cela revient à dire qu'entre deux locuteurs la relation de communication est à la fois corrélation directe, symétrique, ou inverse, complémentaire, entre l'information et la signification suivant qu'on l'interprète au long de la bissectrice ou au long de la diagonale (fig. 29).

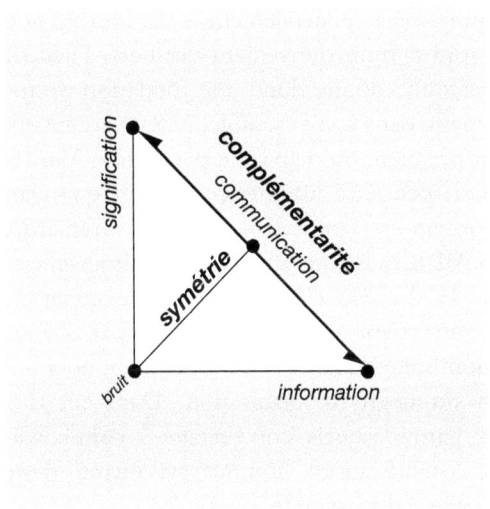

Figure 29: Communication symétrique ou complémentaire

C'est d'ailleurs dans le point d'interaction de ces deux directions que se trouve, on le sait déjà, la communication véritable et optimale, pour laquelle «on a d'ailleurs proposé un troisième type de relation: la relation métacomplémentaire» (*ibid*.: 67), que nous pourrions appeler aussi symétrico-complémentaire. C'est justement le point «T», le foyer du tiers inclus, inspiré par Lupasco.

Mais la relation entre les deux personnes (locuteurs), aussi équilibrée et complexe qu'elle soit, ne constitue pas encore une véritable communication: elle est seulement une situation de communication. C'est du moins l'avis de certains auteurs (Benveniste, 1966) qui ont étudié les personnes en tant qu'actants du discours, considérant qu'il faut être au moins trois pour vraiment communiquer. C'est par la médiation de il(elle) qui «peut être une infinité de sujets ou aucun» que le dialogue je/tu s'instaure dans le champ pragmatique, intersubjectif de la communication (*ibid.*: 230). A propos de ce «troisième homme qui hante nos paroles et nos langues», Michel Serres (1991: 82-85) insiste: les troisièmes personnes grammaticales (généralement issues des prénoms ou adjectifs démonstratifs) sont démonstrativement des tiers. Finalement d'après lui «la troisième personne donne donc une fondation de tout le réel extérieur, de l'objectivité dans son ensemble, unique et universelle, en dehors de tout sujet en première ou deuxième personne». Mais la manière dont la communication peut-être interprétée en tant qu'organisation, par la corrélation information/signification, nous est remarquablement présenté par Henri Atlan, que nous allons aborder brièvement.

Pour Atlan (1972: 231) c'est la notion de quantité d'information contenue dans un système – telle qu'entendue par Shannon – qui constitue, pour de nombreux auteurs (Von Neumann, notamment), une possible définition du degré d'organisation. Dans un deuxième temps, d'autres auteurs, parmi lesquels Von Fœrster[38], vont consolider la notion de redondance (signification) comme synonyme d'organisation. La conclusion, tirée par Atlan, est que

> ces deux définitions sont contradictoires: pour la première un degré d'ordre et d'organisation élevé correspond à une quantité d'information élevée et pour la deuxième à une redondance très grande, donc à une quantité d'information très

---

38 On connaît Heinz Von Fœrster surtout par un article «On Self-organizing Systems and their Environments» paru en 1960. Il y proposait un modèle très suggestif, qualitatif, de complexité par le bruit: celui de cubes aimantés agités au hasard dans une boîte et se disposant en des formes de complexité (pour lui «d'ordre») croissante. C'est un exemple où l'aléatoire produit une *structure* ordonnée.

petite. Le fait que toutes deux aient pu être proposées et justifiées montre le caractère ambigu de la notion d'organisation tirée tantôt vers la régularité et la répétition, tantôt vers la variété et l'hétérogène (*ibid.*: 237).

Sans entrer dans le détail de la phrase, nous pensons trouver structurellement un compromis car en mettant en opposition l'information (la nouveauté) et la signification (la redondance), on ne peut pas s'en sortir sans faire appel à une tierce interprétation: la prise en considération simultanée des deux définitions «contradictoires». Cette tierce interprétation, proposée par J. Polonsky, conduit à une définition de l'organisation en tant que processus «où l'état d'organisation à un moment donné de l'histoire d'un système est un compromis entre les fonctions H (n.n. quantité d'information) et R (n.n. redondance) variant dans des directions opposées» (*ibid.*: 235). Toujours d'après Atlan,

> Polonsky distingue deux sortes de structures, qu'il appelle ordonnées et organisées, caractérisées par deux sortes d'information qu'il appelle respectivement information redondante et spécifique. La première est mesurée par la redondance R de Shannon et la deuxième par la fonction H, quantité d'information [...]. La première exprime la répétition, la deuxième la variété [...]. On pressent déjà que ces deux propriétés bien qu'opposées — répétition et variété — doivent constituer ensemble l'organisation sous sa forme la plus riche et la plus générale (*ibid.*: 235-236).

Nous avons repris cette citation pour appuyer la nécessité du triangle logique permettant de bien réduire le discours tout en bénéficiant de gains de précision appréciables. En effet, même si tout semble juste en général, le modèle de Polonsky comporte des ambiguïtés qu'une rigueur géométrique coordinatrice pourrait peut-être lever. Ainsi, puisque les deux structures dégagées sont opposées et que l'une d'entre elles s'appelle ordonnée, l'autre devrait s'appeler «hiérarchisée» et surtout pas «organisée» puisqu'une structure organisée est leur corrélation réciproque médiatrice. L'organisation ne peut pas être à la fois tout et partie! De plus, il faut accepter un renversement des fonctions des opposés: la structure ordonnée, ce n'est pas la redondance (la signification) mais l'information. Quant à la redondance, elle représente, nous le savons déjà, la hiérarchie. C'est seulement après avoir clarifié ces notions à l'aide du triangle logique, par une topologie des concepts, qu'on peut, en conclusion, affirmer sans équivoque que l'organisation est la relation réciproque complémentaire (corrélation inverse) entre l'information et la signification. Dès lors, en étant à la fois *information-signifiante* et *signification-informante*, l'organisation est *communicante*. Entre les deux, l'isomorphisme fonctionnel est parfait: de même que l'organisation est une question de communication, la communication est une question d'organisation. C'est sur la communication que repose toutes les autres fonctions d'une organisation (Halloran, 1978: 58). C'est entre les deux que la communication *donne sens* aux évènements sociaux car médiatrice, elle lie les contraires. Par son caractère pragmatique de messager (Serres, 1969), toujours au temps présent, la communication est essentiellement du ressort du politique. C'est la communication qui met de la redondance dans l'information et de l'information dans la signification pour donner du sens au tout. Elle fait perpétuellement un aller-retour information/signification et met en place sa propre structure suivant les règles de la logique politique classique ou celles de sa continuation par d'autres moyens. C'est elle qui instrumentalise le culturel et son avatar sacré, de même que le naturel et son avatar économique, pour donner le véritable sens conflictuel maîtrisé et intégrateur à l'organisation sociale (Mironesco, 1982; Freund, 1983).

Chapitre 6

De la philosophie ternaire

> «Ce qu'Avoir aurait voulu être / Etre voulait toujours l'avoir /
> A ne vouloir ni dieu ni maître / Le verbe Etre s'est fait avoir.»
> Yves Duteil, album *Sans attendre*, Chanson *Avoir et être,* 2008.

Un regard épistémologique permet, tout en appréciant les «visages divers et multiples de la philosophie» (Richard, 1983: 9), de ramener celle-ci à au moins deux structures élémentaires de nature ternaire: *avoir\être\connaître* et *matérialisme\idéalisme\phénoménologie*. Les décrire de manière succincte pour mieux s'orienter dans le champ discursif foisonnant de la philosophie est le but de ce qui suit.

6.1 Avoir\être/connaître

Si aujourd'hui, pour certains, la philosophie semble morte, inopérante ou en perte d'intérêt, on pourrait peut-être penser que c'est parce que son discours est fondé sur l'opposition contradictoire absolue *être/néant* (non-être) et non pas sur l'opposition contraire – moins ontologique il est vrai, mais par contre davantage épistémologique et fonctionnelle –, celle de *être/avoir*. Dans cette configuration, l'origine du système philosophique se trouve dans la *coincidentia oppositorum* entre le *manque*, absence de l'*avoir*, et le *néant*, absence de l'*être*, les deux dans le sens de *nihil negativum* (Kant, 1987: 299). Dans ce point immanent, les valeurs conceptuelles sont vides, c'est le vacuum, le rien, le degré zéro de la philosophie. Pour que quelque chose s'y passe, il est nécessaire que l'objectivation de la volonté d'*avoir* et d'*être* s'actualise dans la *connaissance*, c'est-à-dire qu'un désir d'avoir et d'être se manifeste. C'est seulement par le déploiement orthogonal de l'*avoir* et de l'*être* et leur corrélation médiatisée par le *connaître agissant – l'avoir-savoir-être –* que le système philosophique peut s'organiser. Le déploiement de la diagonale du *connaître*, dépassement de l'avarice compulsive d'*avoir* et de l'égotisme de la conscience d'*être*, devient, en tant que tiers inclus, le fondement éthique de «l'écologie de l'esprit» (Bateson, 1977, 1980). Le schéma philosophique ternaire peut ainsi prendre une configuration cohérente (fig. 30).

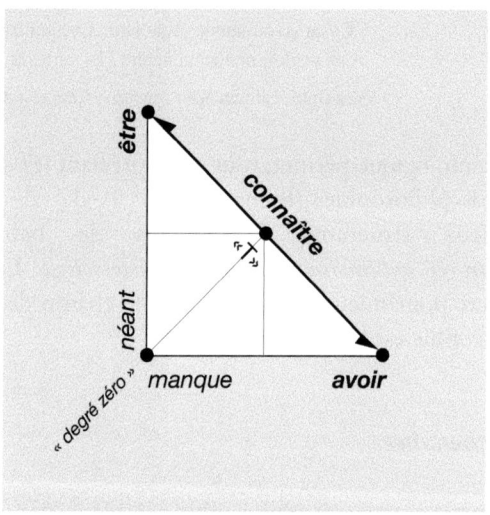

Figure 30: Triade philosophie *avoir|être/connaître*

Le caractère binaire de la logique a imposé à la philosophie l'ontologie comme objet d'étude, c'est-à-dire l'*être en tant qu'être*, dont le développement culminant est atteint dans la dialectique transcendantale finaliste de Hegel. Ce sera plus tard et de manière progressive que l'*avoir* deviendra tout naturellement l'opposé philosophique de l'*être*. Déjà dans la fonction linguistique, *être* et *avoir* sont complémentaires:

> Si dans leur emploi comme auxiliaires verbaux, *être* et *avoir* sont en distribution complémentaire, on peut supposer qu'ils le sont aussi dans leur situation lexicale. Ils indiquent bien l'un et l'autre l'état, mais non le même état. Etre est

l'état de l'étant, de celui qui est quelque chose; avoir est l'état de l'ayant, de celui à qui quelque chose est (Benveniste, 1966: 198).

Il est donc légitime de considérer que l'orthogonalité reste valable en ce qui concerne les concepts philosophiques *être* et *avoir* car ce n'est pas la subtile primauté de l'*être* sur l'*avoir* qui nous intéresse, mais leur nécessité absolue de co-présence. Malgré «la méfiance implicite que les philosophes semblent avoir toujours témoigné à la notion d'avoir» (Marcel, 1935: 227), pour lesquels il n'y aurait de philosophie que de l'*être* (Fromm, 1978), on constate chez les phénoménologues et existentialistes que la question de l'*être* ne se pose plus sans celle simultanée de l'*avoir* (Deleuze, 1988). Chez Gabriel Marcel «au fond tout se ramène à la distinction entre ce qu'on a et ce qu'on est» (Marcel, 1935: 225) et chez Jean-Paul Sartre (1943), l'origine commune de l'*avoir* et de l'*être* semble acquise. Ce qui fait problème c'est leur trait distinctif. Sans se soucier du fait que les concepts sont différents parce qu'occupant topologiquement des places différentes, on constate au gré du discours que parfois l'*être* et l'*avoir* se confondent et que parfois ils se séparent.

> Nous avons vu que le désir peut être originellement désir d'être ou désir d'avoir [...]. Alors que le désir d'être porte directement sur le pour-soi et projette de lui conférer sans intermédiaire la dignité d'en-soi-pour-soi, le désir d'avoir vise le pour-soi sur, dans et à travers le monde. C'est l'appropriation du monde que le projet d'avoir vise à réaliser la même valeur que le désir d'être. C'est pourquoi ces désirs, qu'on peut distinguer par l'analyse, sont inséparables dans la réalité: on ne trouve par le désir d'être qui ne se double d'un désir d'avoir et réciproquement; il s'agit au fond de deux directions de l'attention à propos d'un même but, ou, si l'on préfère, de deux interprétations d'une même situation fondamentale, l'une tendant à conférer l'être au pour-soi sans détour, l'autre établissant le circuit de l'ipséité, c'est-à-dire intercalant le monde entre le pour-soi et son être (*ibid.*: 689).

La théorie girardienne quant à elle nous enseigne que l'identité de l'*être* est fondée sur la mimésis d'appropriation d'un Autre, modèle-obstacle auquel on désire prendre l'*avoir* – dans le sens le plus large, y compris la vie – pour être à sa place, car on est ce qu'on a, ce que l'on possède par rapport à l'Autre (Girard, 1978, 1999). On ne peut pas passer sous silence que la défense la plus radicale de l'*avoir philosophique* ait été faite par Gabriel Tarde (1999) dans l'article «Monadologie et sociologie» publié en 1893, dont l'ontologie a inspiré Deleuze, Foucault et même Simmel (Alliez, 1999: 9-32). Tarde propose:

> Toute la philosophie s'est fondée jusqu'ici sur le verbe *Etre*, dont la définition semblait la pierre philosophale à découvrir. On peut affirmer que, si elle eût été fondée sur le verbe *Avoir*, bien des débats stériles, bien des piétinements de l'esprit sur place auraient été évités. – De ce principe, *je suis*, impossible de déduire, malgré toute la subtilité du monde, nulle autre existence que la mienne; de là, la négation de la réalité extérieure. Mais posez d'abord ce postulat: ‹*J'ai*› comme fait fondamental, l'*eu* et l'*ayant* sont donnés à la fois comme inséparables.
> Si l'avoir semble indiquer l'être, l'être assurément implique l'avoir. Cette abstraction creuse, l'être, n'est jamais conçue que comme la *propriété* de quelque chose, d'un autre être, lui-même composé de *propriétés*, et ainsi de suite indéfiniment. Au fond tout le contenu de la notion d'être, c'est la notion d'avoir. Mais la réciproque n'est pas vraie: l'être n'est pas tout le contenu de l'idée de propriété.
> La notion concrète, substantielle, qu'on découvre en soi, c'est donc celle-ci. Au lieu du fameux *cogito ergo sum*, je dirais volontiers: ‹*Je désire, je crois, donc j'ai*› – Le verbe *Etre* signifie tantôt *avoir*, tantôt *égaler*. ‹Mon bras est chaud›, la chaleur de mon bras est la propriété de mon bras. Ici *est* veut dire *a*. ‹Un Français est un Européen, le mètre est une mesure de longueur›. Ici *est* veut dire *égale*. Mais cette réalité elle-même n'est que le rapport du contenant au contenu, du genre à l'espèce, ou *vice versa*, c'est-à-dire une sorte de rapport de possession. Par ses deux sens l'*être* est donc réductible à l'avoir. Si, à toute force, on veut tirer de la notion d'*Etre* des développements que sa stérilité essentielle ne comporte pas, on est conduit à lui opposer le non-être et à faire jouer à ce terme (où s'objective simplement et à vide notre faculté de nier, comme s'objective dans l'Etre notre faculté d'affirmer) un rôle important et insensé. – A cet égard, le système hégélien peut être considéré comme le dernier mot de la philosophie de l'Etre. [...] (*ibid*.: 86-87).

S'appuyant sur l'orthogonalité de l'*avoir* et de l'*être*, *connaître* est la distance qui lie mais aussi celle qui sépare. Alors que l'horizontalité de l'*avoir* ordonne et que la verticalité de l'*être* hiérarchise, la diagonalité du *connaître* organise le discours philosophique. Dans son langage philosophique très élaboré et synthétique qui parle déjà depuis la position médiatrice du *connaître*, Heidegger confirme l'*être* et l'*avoir* dans leur position corrélative. Il touche à la fois l'origine commune des deux, mais aussi leur trait distinctif. «L'étant, que nous avons pour tâche d'analyser, nous le sommes nous-mêmes à chaque fois. L'être de cet étant est chaque fois *à moi*. […] L'‹essence› de cet étant tient dans son (avoir) à-être.» (Heidegger, 1986: 73). Partant du *connaître* de l'*être* dans son rapport avec l'*avoir*, c'est de l'homme en tant qu'existant au monde dont il s'agit.

Selon sa place sur la diagonale à double voie, plus près de l'axe vertical de l'*être* ou plus près de l'axe horizontal de l'*avoir*, le *connaître* peut passer du contemplatif le plus pur à l'acquisitif le plus dur. A mi-chemin sur la diagonale se trouve le point d'équilibre «T» du *connaître* où l'étant de «cet être-là», rejoint l'ayant de «cet avoir-là», pour permettre l'émergence de l'être dans le monde dans toute sa plénitude existentielle. Ni l'amour ni la charité de Gabriel Marcel, philosophe chrétien, ni l'agir de Jean-Paul Sartre, philosophe engagé, ne peuvent prétendre raisonnablement prendre la place médiatrice du *connaître agissant*. Sur l'agenda futur d'une philosophie ternaire appliquée on doit trouver, d'une part, l'étude de l'économie œconomique, «art de gérer la maison commune» (Calame, 2004), et d'autre part, celle du subjectivisme altruiste, dans leur corrélation médiatisée par la gouvernance organisatrice d'un credo écologique (Claudel, 2000), impératif éthique et finalement Révélation religieuse de la phénoménologie de la vie (Henry, 2003-2004). On se trouve ainsi devant le tiers inclus *anaphatique*[39], si caractéristique de l'Occident,

---

39 En lisant David Granfield (1991) on peut penser qu'entre le *cataphatique* dogmatique et l'*apophatique* mystique, il y a une différence, un trait distinctif que le tiers inclus *anaphatique* pastoral liturgique met en relation. L'entre-deux *anaphatique* doit être considéré la forme privilégiée de la pratique religieuse habituelle, à la recherche de la complétude irréductible du sens de notre vie dans le monde, dont le souci de l'autre (expression convenue pour rappeler l'amour Christique pour toute la Création) est le fondement du mystère de la foi et de la connaissance. «In short, in the kataphatic way we focus directly on the humanity of Jesus Christ; in the apophatic way we do so virtually by means of the Spirit of Jesus, ans in the anaphatic way, we combine the two in a vivid awareness of the divine presence in Jesus Christ and, through Jesus Christ, in our fellow-humans and the rest of creation […]» (*ibid*.: 116). En instituant l'*anaphatique* dans son rôle de théophanie diagonale (*ibid*.: 117) lié aux soucis

dont la «vérité créée de toutes pièces par l'homme en vertu de sa raison, à des fins morales» (Tugny, De Mars, 1998) se veut athéiste laïque[40], mais de fait est agnostique croyant[41]. L'*anaphatique* ainsi que l'axiologie stylistique sophianique[42], en tant que théologies pratiques, médiatisent la

---

responsables et à l'amour de l'autre, David Granfield confirme largement, mais seulement indirectement comme si cela allait de soi, que le fondement de la foi *anaphatique*, médiatrice entre le *cataphatique* et l'*apophatique*, demande une purification préalable de l'âme et le soulagement de la conscience par la repentance constructive. C'est seulement à ce prix que peut commencer le long cheminement pastoral, pour ceux qui ont eu le courage de commencer par vivre dans la vérité de la foi et son amour transfigurant promis. L'*anaphatique* est tout cela, rien que cela, si facile et si difficile à la fois! Il est donné à tous, mais en réalité, peu sont les élus qui le reçoivent comme une révélation mystique bouleversant leur vie. Néanmoins parmi les sceptiques les plus obstinés, il peut y avoir comme une envie contrariée de ne pas croire: «Je suis incapable d'avoir la foi, mais je ne suis pas indifférent aux problèmes que la religion nous pose. J'imagine parfois l'histoire universelle comme un grand fleuve du péché originel. Je lis et je relis le livre de la *Genèse* et j'ai le sentiment qu'en quelques pages tout y est dit. C'est bouleversant. Ces nomades du désert possédaient une vision complète de l'homme et du monde» (Cioran, 1995: 1777).

40 «[…] la victime finale du rejet théorique et pratique de la religion par l'athéisme n'est pas la religion (qui de fait perdure imperturbablement) mais la liberté elle-même, prétendument menacée. L'univers radical de l'athée, débarrassé des références religieuses, n'est que l'univers gris de la terreur égalitaire et de la tyrannie» (Zizek, 2007a: 127), alors que «la recherche radicale de la laïcité, l'attention tournée vers notre vie dans le monde transforme cette vie en un processus anémique et abstrait» (ibid.: 133).

41 En récusant à la fois les preuves de l'existence et celles de l'inexistence de Dieu (Küng, 2008: 69-71) Kant, philosophe des Lumières allemandes, l'Aufklärung, est un *agnostique croyant* pour lequel la raison et la foi sont complémentaires et nécessaires. «Cela veut dire que la foi en Dieu et en une autre vie est tellement unie a mon sentiment moral que je ne cours pas plus risque de perdre cette foi que ne crains de me voir jamais dépouillé de ce sentiment» (Kant, 1987: 616).

42 Pendant orthodoxe de l'*anaphatique* «le sophianique, par essence, exprime un sentiment diffus, mais fondamental et propre à l'orthodoxie, le sentiment que la transcendance descend et se révèle de sa propre initiative, et que l'homme et l'espace de ce monde éphémère peuvent, d'une certaine façon, en devenir le réceptacle. Forts de cela, nous considérerons comme sophianique toute création spirituelle, artistique, philosophique, éthique ou d'une autre nature, qui traduit

théologie *cataphatique*, positive, affirmative et la théologie *apophatique*, d'une négativité paradoxalement positive, pour œuvrer véritablement au salut de l'homme par la conciliation fraternelle (Nicolescu, 2003), faisant face «à deux religions, d'autant plus terribles qu'elles se dressent l'une contre l'autre: le rationalisme et le fidéisme» (Girard, 2007: 347).

> Selon Ebeling, nous devons à Jésus l'inauguration d'une nouvelle expérience du sacré: la possibilité de sanctifier la vie profane. Dès lors, le sacré ne peut plus être monopolisé par le Temple, la loi, le culte sacrificiel, le jour du Sabbat, l'institution sacerdotale; il devient possible de le transformer en relations interpersonnelles ou en culte d'action de grâce intériorisé et totalement désintéressé. C'est la *logikè latreia*, le «culte raisonnable» dont parle Paul (Rm 12, 1) (Ganoczy, 2008: 243).

6.2 Matérialisme\idéalisme/phénoménologie

La triade *avoir|être/connaître* n'est qu'une expression particulière et personnalisée de la triade philosophique englobante, synthétique, *matérialisme|idéalisme/phénoménologie*. Son modèle ternaire (fig. 31) a un point commun dans l'origine, degré zéro de la philosophie, une orthogonalité conceptuelle coordonnatrice avec le *matérialisme*, en tant qu'*avoir philosophique* (horizontal) et l'*idéalisme*, en tant qu'*être philosophique* (vertical), entre lesquels s'interpose l'entre-deux corrélatif (diagonal), le tiers inclus *phénoménologique*, réceptacle conceptuel naturel du *connaître* philosophique.

---

un tel sentiment, qui est dirigée par lui ou qui s'en inspire» (Blaga, 1995: 173). «On pourrait illustrer le sophianique par de nombreux exemples de littérature religieuse, d'hymnes liturgiques et d'antiennes lyriques et allégoriques de haut niveau. Il est reconnu que, pour la plupart, les auteurs de ces textes et de ces antiennes sont les grands mystiques orthodoxes eux-mêmes. Le pouvoir de domptage sophianique de la liturgie sur les instincts humains est admirablement mis en relief par le fait que, dans les cathédrales byzantines, les chœurs d'antiennes étaient formés d'individus qui, dans la vie courante, se haïssaient à mort. Les partis politiques qui, par ailleurs, recouraient, pour se nuire, à toutes les armes d'une intrigue infernale, tenaient cependant beaucoup à ce que, dans l'église, leur inimitié fût sublimée dans les dialogues d'antiphonaires» (*ibid.*: 180-181).

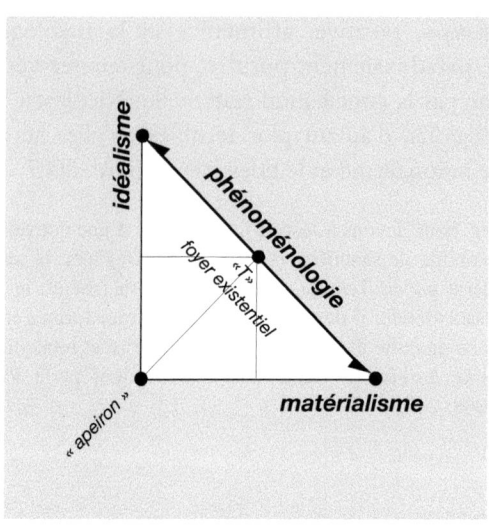

Figure 31: Triade philosophique *matérialisme\idéalisme/phénoménologie*

Connaissant déjà les règles d'organisation du système épistémologique ternaire, il nous paraît normal de considérer l'*apeiron* d'Anaximandre (610 av. J.C. vers 565 av. J.C.) comme l'une des premières expressions de l'origine de la philosophie. Principe indéfini, n'ayant encore aucune détermination, l'*apeiron* exprime bien le degré zéro, d'autant plus que c'est de là que procède la réalité du monde par la séparation des contraires (Anaximandre, 1991). Dans notre modèle, l'*apeiron* est à l'origine de la bifurcation orthogonale des deux concepts philosophiques coordonnateurs que sont le *matérialisme* et l'*idéalisme*, aux extrémités desquels s'installe la *phénoménologie*, dans l'entre-deux diagonal.

Une fois le *matérialisme* posé comme concept à sa juste place dans le système, ce qui intéresse ce sont les étapes de son déploiement au long de son axe ordonné horizontalement, depuis l'origine jusqu'à son extrémité. Au fur et à mesure que la connaissance progresse dans l'appropriation de la réalité physique, sa matérialité change. L'histoire du matérialisme nous apprend que le chemin de son évolution a suivi trois étapes: le physicalisme, l'atomisme avec son avatar mécaniciste, et l'énergétisme.

Le *physicalisme*, représenté par ses philosophes ioniens, physicalistes ou physiocrates, affirme tout d'abord la matérialité du monde. Cette matérialité est cependant confondue avec ses formes concrètes, physiques, simples ou complexes de la matière. Ainsi pour Thalès l'eau se trouve à la base du monde, sous ses formes les plus diverses, ou pour Anaximène l'air. Plus tard,

> Empédocle, au sud de la Sicile, passe le premier du monisme au pluralisme. Pour éviter la difficulté, à savoir qu'une seule substance primordiale ne peut expliquer la variété des choses et des phénomènes, il suppose l'existence de quatre éléments fondamentaux, la terre, l'eau, l'air et le feu. Ces éléments s'unissent et se séparent sous l'action de l'Amour et de la Haine. Par conséquent, ces derniers qui, à beaucoup de points de vue, sont traités comme étant aussi matériels que les quatre autres, sont responsables du changement impérissable (Heisenberg, 1971: 64).

Considérée longtemps comme la base de la logique quaternaire des Grecs, la tétrade d'Empédocle cache pourtant en elle la possibilité d'une systématisation ternaire. Si l'on sait d'Empédocle lui-même qu'Héraclite, l'un de ses maîtres, considérait le feu comme l'élément primordial, on peut dire que si «nous remplaçons le mot feu par l'énergie» (*ibid.*: 63) et la terre, l'eau et l'air par les trois formes d'agrégation solide, liquide et gazeuse, nous avons devant nous un modèle ternaire et le moteur de sa fonctionnalité, l'énergie ou le feu. Le physicalisme soutient la thèse d'un matérialisme concret substantiel qui est à la fois parfait et continu dans l'espace. Par manque d'évolution, l'univers des matérialistes primitifs infini et parfait ne tardera pas de se figer dans une forme ronde, tournant indéfiniment. Fermé sur lui-même, le monde deviendra l'expression concrète de l'éternité. Mais l'excès de chosification de la matière, surtout chez Empédocle où les quatre éléments ne sont pas tant des principes «fondamentaux que des substances matérielles réelles» (*ibid.*: 65), fait naître un nouveau courant matérialiste, l'atomisme.

C'est d'abord Anaxagore, contemporain d'Empédocle, qui «suppose l'existence d'une variété infinie de grains infiniment petits, qui composent toutes choses. Ces grains n'ont rien à voir avec les quatre éléments d'Empédocle, ce sont des grains d'une diversité infinie; mais ils sont mélangés puis séparés à nouveau et c'est ainsi que se produit tout changement» (*ibid.*: 66). Le concept de grain d'Anaxagore perfectionné par Leucippe, mais surtout par Démocrite, a débouché sur une conception nouvelle, l'*atomisme*. Cette conception matérialiste considère que la réalité sensible est engendrée par des combinaisons inépuisables de particules élémentaires insécables, éternelles et indestructibles, de dimension finie, les atomes. Ces atomes qui remplacent les éléments des physiocrates expliquent tout par leur simple combinaison réciproque dans le vide car «de même qu'il est possible d'écrire soit une tragédie, soit une comédie en utilisant les mêmes lettres de l'alphabet, on peut réaliser la grande variété des phénomènes de ce monde avec les mêmes atomes, grâce aux différences de leur configurations et de leur mouvement» (*ibid.*: 68). Et c'est sur la base de l'atomisme de Démocrite et de son renouvellement partiel opéré par Epicure, qu'au XVIIe siècle s'est élaboré la doctrine matérialiste du mécanicisme. Dans sa forme la plus achevée, le mécanicisme est le triomphe de la philosophie matérialiste corpusculaire de l'atomisme antique renouvelé.

L'étude des mécanicistes sur la scène de la philosophie et de la science est une véritable révolution car, pour la première fois dans l'histoire, la divinité bannie du champ de l'univers est remplacée par des lois naturelles et déterministes de l'attraction universelle. Pour les mécanicistes, qu'ils soient philosophes (Gassendi, Bacon, Descartes) ou physiciens (Galilée, Boyle, Newton) le monde, la réalité, n'est qu'une vaste combinatoire entre des points matériels distincts (c'est cela l'*atomisme mécaniciste*) agissant réciproquement en vertu de lois rigoureuses. Ces lois parlent de force, gravitation, mouvement, inertie, proposant la logique d'un monde qui ressemble à une horloge cosmique. Sans aucune finalité (Dieu), car sans aucun mouvement qualitatif (évolution), ce monde mécaniciste possède seulement un mouvement quantitatif de translation dans un cadre spatio-temporel donné de façon absolue et ouverte. Ce mouvement venu de l'extérieur, d'origine non identifiée (*primum movens*), se retire après avoir mis en marche la grande horloge, laissant le mécanisme dans une inertie de mouvement qui depuis est strictement déterminé et prévisible, sans aucune intervention de qui que ce soit de l'extérieur. Ce modèle d'un univers-machine, horloge dont les engrenages transmettent le mouvement selon un ordre défini, s'achève avec la description mathématique de la loi qui gouverne cet univers, l'attraction universelle de Newton (*ibid.*: 110-112).

Vérifié par la suite dans la théorie corpusculaire de la chimie (par l'atomisme moderne) et dans la biologie (par la théorie cellulaire), le matérialisme mécaniciste déterministe et rationaliste, va finalement envelopper dans sa logique à la fois l'ordre physique, biologie et moral en annonçant la victoire de l'homme sur la nature. Mais la fin du XIXe siècle voit poindre le début de la crise du matérialisme mécaniciste corpusculaire: au cœur de la physique, dans la physique nucléaire, la matière commence à se dématérialiser, l'indéterminisme s'installe et l'énergie fait son entrée sur la scène du réel.

Qu'il s'agisse des formes concrètes des physicalistes ou de celles de l'atomisme mécaniciste, le matérialisme classique est mis en cause pour la première fois et de façon scientifique par Einstein.

> En 1912, Einstein montre, dans sa théorie de la relativité, que cet invariant, inébranlable jusqu'alors, varie, en réalité, lui-même, avec la vitesse et n'est plus qu'une forme de l'énergie, l'énergie dite de masse. C'est là la célèbre équation de l'équivalence de la masse et de l'énergie, qui ramène tout phénomène physique à un phénomène énergétique, tout élément, quel qu'il soit, à la notion d'énergie, la masse étant égale à l'énergie totale d'un système divisé par le carré de la vitesse de la lumière (vitesse de 300'000 km à la seconde) (Lupasco, 1970b: 13).

Ainsi le matérialisme du sens commun, de la masse, fait place à un matérialisme beaucoup plus sophistiqué, celui de l'énergie. Devenu matérialisme sans matière, l'*énergétisme* est la source d'un véritable renouveau philosophique que Gaston Bachelard exprime ainsi:

> Du point de vue philosophique, le matérialisme énergétique s'éclaire en posant un véritable *existentialisme de l'énergie*. Dans le style ontologique où le philosophe aime à dire: l'être *est*, il faut dire l'énergie *est*. Elle est absolument. Et par une conversion simple, on peut dire deux fois exactement la même chose: l'être est énergie – et l'énergie est être. La matière est énergie. Aussitôt le règne de

> l'*avoir* est renversé. Il est renversé de fond en comble, non pas seulement au profit de l'être, mais au profit de l'énergie. L'énergie est le support de tout; il n'y a plus rien *derrière* l'énergie (Bachelard, 1953: 177).

En tant qu'être du matérialisme qui est devenu avoir de l'être, l'énergétisme de Bachelard est bien ce dont pense, depuis le début du XXe siècle, Wilhelm Ostwald (1910), aujourd'hui oublié: un énergétisme matérialiste en tout point analogique à l'idéalisme et son énergétisme spiritualiste (Bergson, 1919). Cette énergétique omniprésente rend possible l'interprétation des principales formes et étapes d'évolution de la nature (physique, biologique, psychique) comme autant de formes de systématisation énergétique ou encore, pour reprendre le vocabulaire imagé de Lupasco (1970b), comme les trois actes de la grande «tragédie de l'énergie». Léger comme une idée, l'énergétisme prend la voie verticale, parallèle à *l'idéalisme*, mais à l'extrémité de l'axe horizontal matérialiste, pour toucher le plafond métaphysique dans un point qui ne peut pas être autre que celui de la transcendance. Cet axe philosophique, encore non-homologué, nous le nommons *méta-idéalisme*.

L'idéalisme, dans le schéma ternaire, représente l'axe vertical de l'être philosophique. De même que le *matérialisme*, l'*idéalisme* présente trois niveaux hiérarchiques qui vont vers un idéalisme spiritualisé. Ces trois niveaux sont, du bas vers le haut: l'animisme, le subjectivisme et le spiritualisme.

Très près de l'origine, point immanent, l'*idéalisme* se trouve être une entité pas encore décantée ni autonome, mais plutôt unique car mélangée avec la matière. Cette situation est bien exprimée par la notion d'*animisme* considérant qu'une seule et même âme est en même temps principe de la pensée et de la matière (Lalande, 1972: 60). Il se pourrait bien que l'*animisme* soit la même chose que l'hylozoïsme, un système philosophique assez mal connu car, pour lui aussi, «la vie et la matière sont indispensablement liés, soit que tous les atomes de la nature sont vivants, soit que la vie se répand dans tout ce grand être qu'est le monde comme une âme du monde» (*Dictionnaire encyclopédique Quillet*, 1979: 3378). Assez répandu chez les présocratiques, l'hylozoïsme est ensuite associé aux stoïciens et à Aristote (Cuvillier, 1945, t. 2: 584). Plus tard, il est repris sous diverses nuances et partiellement par Paracelse, Spinoza, Stahl. Enfin, non pas pour éclaircir les choses, mais plutôt à l'inverse pour les rendre plus difficiles à cerner, certains abordent l'animisme, l'hylozoïsme et partiellement le panthéisme sous le nom générique de panpsychisme[43]. C'est dire combien vaste est le domaine de l'*animisme*, premier niveau de la hiérarchie idéaliste (Lemoine, 1864). Le passage de l'animisme vers l'étape suivante de l'idéalisme, le *subjectivisme*, se fait lentement au fur et à mesure que l'homme prend conscience de la connaissance du monde de ses idées. Déjà chez Anaxagore «l'âme et l'esprit sont expressément unis et sont ainsi distingués du reste de l'univers matériel au point qu'on voit apparaître une différence fondamentale entre l'esprit et la matière» (Harris, 1979: 72). Le *subjectivisme* peut ainsi faire son entrée dans l'histoire de la philosophie.

Si l'animisme considère que l'idée se trouve partout dans la nature et la rend vivante, le *subjectivisme* aura plutôt tendance à ramener toute la réalité objective extérieure à l'idée que le sujet se fait par la connaissance (Lalande, 1972: 1039). Le *subjectivisme* a été exprimé clairement par Berkeley en 1710 dans une formule devenue classique: «d'être, c'est l'être perçu» (Berkeley, 1992). Cela va de soi que pour Berkeley la matière ne peut exister indépendamment de l'esprit qui la perçoit; «l'homme de la rue entend par matière ce qu'il peut voir et sentir» (Harris, 1979: 146). Berkeley ira encore plus loin pour dire qu'il n'y a pas besoin des idées, dans le sens absolu platonicien d'idéalisme spirituel, des idées en soi indépendantes de la pensée. Si Dieu «est en mesure de produire les idées directement dans nos esprits, il y a la garantie suffisante de leur vérité» justement parce que nos idées «sont produites en nous par Dieu» (Harris, 1979: 145-146). Le *subjectivisme*, subordonnant tout au sujet pensant, n'est pourtant pas absolu (solipsiste ou égotiste) chez Berkeley, dès lors que ce n'est pas l'inexistence de la réalité qui est au cœur du raisonnement, mais le fait que la vérité est ce qui apparaît à l'esprit (psychisme). Berkeley a apporté une contribution majeure aux fondements logiques de la pensée humaine, de l'entendement, en l'affranchissant des servitudes des empiristes puisque les principes ordonnateurs visuel et tactile qui constituent,

---

43   *Encyclopedia of Philosophy* (1967, vol. 6).

d'après lui, les seules données immédiates de la réalité, sont fondés sur le langage. «Un langage que nous parle la nature du fait que les séquences phénoménologiques s'enchaînent selon une perspective sémantique et non plus causale» (Ambacher, 1972: 94). Les scientifiques les plus impliqués dans l'approche de la réalité matérielle, les physiciens atomistes, ont confirmé de plus en plus la pertinence du subjectivisme dans la connaissance. Quoi de plus élogieux, en guise de conclusion, que cette phrase d'Heisenberg: «si effectivement toute notre connaissance est tirée de la perception, déclarer que les choses existent réellement n'a pas de sens, car, si nous avons la perception des choses, peu importe qu'elles existent ou pas» (Heisenberg, 1971: 94). Dans son achèvement, le fondement de la perception subjective renvoie habituellement à l'idée *spiritualiste objective*.

Parmi les sens divers attribués au *spiritualisme*, nous pensons que celui qui l'installe au niveau supérieur de l'idéalisme convient le mieux. Nous savons bien sûr que le terme de *spiritualisme*, d'invention tardive, a eu une application rétrospective. Ce n'est pas un argument pour ne pas l'utiliser pour parler de l'idéalisme le plus pur, objectif, ontologique, selon le sens donné par Platon. A cet égard, les philosophes semblent avoir des avis partagés (Lalande, 1972: 1019-1024), mais il y en a tout de même quelques-uns qui, dernièrement, ont considéré que l'idéalisme platonicien est du spiritualisme (Höffe et alii., 1983: 189; Legrand 1983: 244). Ainsi le *spiritualisme* se trouve bel et bien au sommet de *l'idéalisme*, là où il finit par toucher le plafond métaphysique du champ philosophique. L'une des meilleurs interprétations de la théorie des formes ou des idées spiritualistes de Platon nous est fournie par Karl Popper:

> Toutes choses soumises au changement, celles qui dégénèrent et déclinent, sont la progéniture des choses parfaites et, par conséquent, leur copie. Le géniteur ou l'original d'une chose changeante est ce que Platon dénomme sa ‹Forme›, son ‹Modèle› ou son ‹Idée›. Disons que, malgré son nom, l'Idée ne relève ni de la représentation mentale ni du rêve, mais constitue une réalité concrète. Elle est parfaite et impérissable. / Contrairement aux choses périssables, les Formes ou les Idées se situent en dehors de l'espace et du temps, mais furent dès l'origine en contact avec eux. Etant extérieures à ce qui appartient à nos concepts de temps et d'espace, elles ne peuvent être perçues par nos sens, contrairement aux choses soumises au changement et, par conséquent, appelées ‹choses sensibles›. Celles-ci, répliques d'un même original, se ressemblent entre elles comme les

> enfants d'une même famille, et, de même que ces enfants portent le nom de leur père, elles portent le nom de leur Forme ou de leur Idée./ Platon a pour les Idées la vénération qu'un enfant peut avoir pour le père, qui incarne à ses yeux sagesse, vertu et perfection, et qui, après l'avoir procréé, le protège et le soutient. L'‹Idée› platonicienne est à la fois l'original et l'origine de la chose, sa raison d'être et le principe même en vertu duquel elle existe (Popper, 1979 vol. 1: 29-30).

Par son caractère ontologique, objectif et profondément réel, l'Idée de Platon est bien un Esprit fondateur, à l'instar des dieux grecs tutélaires. «Il y a», pour reprendre Popper, «entre les dieux et les hommes les mêmes rapports qu'entre les Idées et les choses sensibles qui en sont la copie» (*ibid.*: 30). Ce n'est donc pas un simple hasard si la doctrine de Platon a constitué plus tard le fondement du spiritualisme néo-platonicien et, d'une certaine façon, celui de la théologie chrétienne.

> Cette prise de contact immédiate avec la vérité – ou, pourrait-on dire, avec Dieu – est la nouvelle réalité qui a commencé à devenir plus forte que la réalité du Monde tel qu'il est perçu par nos sens. Le contact immédiat avec Dieu se produit dans l'âme humaine et non dans le Monde, et c'est ce problème qui a préoccupé la pensée humaine plus que tout autre chose durant les deux mille ans qui se sont écoulés après Platon (Heisenberg, 1971: 84).

Durant cette période, l'idéalisme spiritualiste platonicien n'est pas resté figé. Tout en «reconnaissant les réalités multiples et variables du monde sensible» et le fait que «celles-ci participent d'une certaine façon aux idées éternelles» (Chénique, 1975 t. 1: 14), il a évolué grâce à la forme dialogique du discours platonicien. Il a pu ainsi redescendre dans la pensée de l'être humain en tant qu'existant dans le monde.

Dans la philosophie classique, l'objet d'étude est l'ontologie, c'est-à-dire l'être en tant qu'être, avec les deux possibilités qui lui sont reconnues, l'*idéalisme* ou le *matérialisme*. A cause de son statut ontologique ambigu, la *phénoménologie* a pris du temps avant de s'imposer comme concept philosophique. En effet, elle n'exprime pas la nature profonde de la réalité philosophique, mais plutôt la manière dont celle-ci est perçue et interprétée. Avec un appui sur l'extrémité énergétique de l'horizontalité matérialiste, dans le *point empirique*[44] et un autre sur l'extrémité spiritualiste de la verticalité idéaliste, dans le point empathique[45], la philosophie

[44] Le *point empirique* est l'endroit exact où le bout de l'axe matérialiste énergétique entre en contact avec la diagonale phénoménologique fonctionnaliste dans sa séquence positiviste, mais aussi avec l'axe vertical *méta-idéaliste*. Il est la source de toute expérience extérieure engagée par le sujet à travers les objets matériels, systématisés sous leur forme énergétique. A proximité de ce point précis, la corrélation entre l'idée et la matière est à la faveur de cette dernière. C'est dire que l'endroit se prête bien à la dévalorisation de l'idée au point de ne pas lui accorder d'autonomie propre. Paradoxalement c'est la matière énergétique dématérialisée qui vient au service de l'idée qu'elle étudie. L'idée apparaît ici non pas comme innée au sujet pensant, mais naît dans le cours de l'expérience sous l'impulsion de la dynamique de l'objet matériel extérieur. Il n'est besoin d'insister sur le fait que la science moderne et surtout la physique, que l'on pourrait croire *a priori* la plus empirique, a infirmé cette thèse. La matérialité étant en réalité une succession de structures qui se trouvent hors de sa pensée directe «le seul objet réel dans tout ce dispositif, c'est nous, l'observateur pensant, l'entendement humain, l'idée» (Zukav, 1982: 206). On est donc étonné de constater la similitude et l'analogie qu'il est possible de faire entre l'*énergétisme matérialiste* et l'*énergétisme spiritualiste* se trouvant à l'extrémité de l'idéalisme. Parmi les concepts les plus près du point empirique citons «le vitalisme physique» de Claude Bernard (1879, t. 2: 524) comme l'une des première forme d'expression positiviste qui émerge du point empirique, mélange d'énergétisme et d'animisme, en prenant la voie diagonale de la fonctionnalité phénoménologique. Toujours près de ce point, mais en empruntant l'axe méta-idéaliste cette fois, se trouve l'analyse marxiste du matérialisme de l'économie capitaliste. Elle est faite déjà dans les termes techniques novateurs du machinisme thermodynamique, de l'énergie électrique et du travail en tant que force (Marx, 1985, Livre I, section I à IV: 279-286).

[45] Le *point empathique*, que l'on peut tout aussi bien nommer *point intuitionniste* dans le sens spiritualiste bergsonien, est peut-être le point le plus remarquable du champ philosophique. C'est là que s'installe le contact entre le sommet spiritualiste de l'axe idéaliste avec l'axe métaphysique ainsi qu'avec la séquence essentialiste de la diagonale phénoménologique. La description de l'empathie est chez Scheler d'une expressivité géométrique si remarquable qu'on ne peut se tromper sur le fait que le point empathique est bien là et pas ailleurs. D'abord chez lui l'empathie c'est «une pénétration réciproque de l'esprit et d'impulsion vitale d'où émane toute réalité» (Dupuy, 1959 vol. 2: 658) ensuite, elle est la seule permettant de «maintenir la transcendance de Dieu par rapport au monde et à l'homme, mais aussi d'assigner un tel rôle au monde et à l'homme dans le

déploie sur tout son parcours diagonal sa fonctionnalité phénoménologique, seule véritable connaissance philosophique (fig. 32).

---

devenir de Dieu» (*ibid*.: 685). N'est-il pas évident que ce point empathique soit l'extrémité haute essentialiste de la diagonale phénoménologique? Si ce n'est pas le cas, on peut poursuivre la logique de Scheler car il se rend compte qu'à la direction qui va vers le bas en partant du point empathique, racine spiritualiste de la phénoménologie, qu'il croyait être une chute, s'oppose une autre de sens inverse remontante, à l'évidence ancrée à l'autre extrémité de l'axe phénoménologique, le positivisme, touchant le matérialisme énergétique dans le point empirique. Ces deux tendances contraires vont s'équilibrer dynamiquement sur la diagonale phénoménologique fonctionnelle dans le point d'équilibre optimum à mi-chemin, le foyer existentiel, que Scheler nomme «salut»: «Le salut est conçu comme l'affirmation simultanée de la vie et de l'esprit qui sont en effet, non point foncièrement hostiles, mais complémentaires et ‹ordonnés› l'un à l'autre: il consiste dans la pénétration réciproque de l'esprit primitivement impuissant et de l'impulsion primitivement démoniaque, dans la spiritualisation de celle-ci et dans la vivification de celui-là» (*ibid*.: 710). En ayant en mémoire le schéma philosophique ternaire on comprend que l'esprit c'est l'idéalisme, le démoniaque c'est le matérialisme (l'enfer des choses), tandis que leur corrélation réciproque phénoménologique trouve le «salut» dans le foyer existentiel. L'association que l'on peut faire entre le point empathique et l'intuition bergsonienne est plus remarquable encore. Si cette intuition est l'élan qui saisit par un simple bond la racine spiritualiste de l'intelligence et permet à l'âme de vivre le jaillissement de l'éternité en tant que «sympathie divinatrice» (Richard, 1983: 118), alors celle-ci est un autre nom pour désigner l'empathie. D'ailleurs le caractère spiritualiste de toute la philosophie de Bergson et l'opposition systématique qu'il fait à l'empirisme et surtout au positivisme d'Auguste Comte le place tout naturellement près de la racine essentialiste de la diagonale phénoménologique. Longtemps oubliée «la philosophie bergsonienne pèse d'un poids particulier au carrefour des routes de demain et que d'ailleurs sa véritable originalité n'a pas encore été entièrement comprise» (Piclin, 1980: 215).

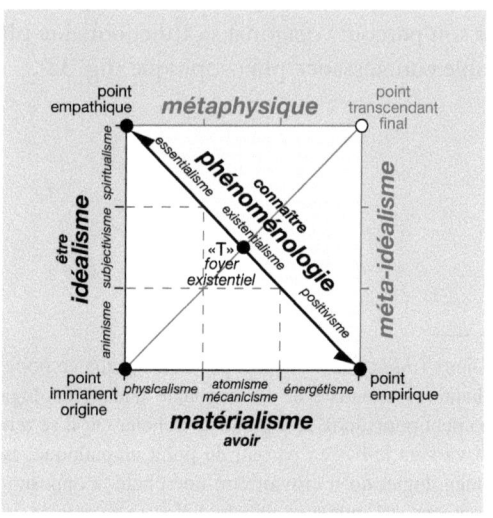

Figure 32: Schéma philosophique synthétique

La phénoménologie possède deux séquences opposées, l'une en contact avec le *matérialisme énergétique* (le *positivisme*) par le point empirique et l'autre en contact avec l'*idéalisme spiritualiste* (l'*essentialisme*) par le point empathique, les deux concernées par la connaissance de la réalité objective, dont les caractères énergétique et spiritualiste sont d'une analogie confondante. La méthode lupascienne permet d'actualiser une des séquences et d'en potentialiser simultanément une autre, par le simple processus discriminatoire de concentration de la connaissance, une forme particulièrement efficace d'oubli cohérent afin de saisir, dans la fonctionnalité phénoménologique, la nature du rapport de contrariété entre les deux premières séquences et leur opposition corrélative, voire même connaître leur sens par la médiatisation d'un tiers-concept.

Ainsi à proximité du point empirique, l'actualisation homogénéisante du *matérialisme énergétique* corrélé avec l'*idéalisme animiste* nous met devant la séquence *phénoménologique positiviste*. D'emblée se pose le problème du rapport entre le sujet pensant et l'objet pensé qui brouille le statut même de la connaissance: qui pense qui? Si nous sommes tels que nous sommes parce que les gènes nous pensent, qu'est-ce que nous pensons en pensant les gènes? Pour le positivisme notamment, tout près du point empirique, dans l'étude de la physique nucléaire par exemple, c'est un fait banal de dire que l'expérimentateur fait partie de l'expérience. C'est le mérite du positivisme logique et du néopositivisme de la première partie du XXe siècle, particulièrement au Cercle de Vienne, d'avoir tenté de sortir de la confusion du sujet et de l'objet par la logique des calculs et l'analyse du langage, seuls capables de donner sens à l'expérience. Parmi les penseurs les plus connus, on peut citer Carnap, Tarski, ou Wittgenstein et Russell. Pour une étude approfondie de ce que pourrait être la première synthèse de la *phénoménologie positiviste,* on peut se référer à Manfred Sommer (1987).

A proximité du point empathique cette fois, le *physicalisme matérialiste* (corporéité) corrélé avec l'hétérogénéisation de l'*idéalisme spiritualiste* nous met devant la séquence *essentialiste.* Ici aussi se pose le problème du rapport entre le sujet pensant spiritualiste (l'idée platonicienne) et le sujet pensé (phénoménologique), car une véritable connaissance de «l'homme dans le monde» est difficilement défendable sans son absolu inconditionné de l'idée spiritualiste platonicienne de Dieu. Il se peut que le philosophe Louis Lavelle, considéré comme «existentialiste essentialiste» (Foulquie, 1953), soit plus près de la *phénoménologie essentialiste* (Lavelle, 1939) par son spiritualisme essentialiste mâtiné d'existentialisme. Même Husserl, fondateur de la phénoménologie moderne, peut être lui aussi considéré un philosophe de sensibilité *essentialiste* (Lévinas, 1963) par le rôle qu'il donne à l'intentionnalité, à l'intuition des essences, à l'époché, en cherchant leur définition dans le mode inaccessible du spiritualisme platonicien tout en étant soucieux de la corporéité.

Sur la diagonale phénoménologique, entre les deux séquences positivistes et essentialistes, se retrouve la séquence médiane, celle de l'*existentialisme phénoménologique.* Si dans les deux premières séquences l'objet d'étude, qu'il soit positiviste ou essentialiste, se veut connaissance objective en éliminant autant que possible le subjectivisme, l'*existentialisme phénoménologique* s'interroge sur la connaissance mais aussi sur la conscience de la connaissance du phénomène humain en tant qu' «être dans le monde», «en nous conduisant en nous-même, le seul endroit enfin du compte où nous puissions aller» (Zukav, 1982: 131). En tentant de s'imaginer une généalogie de l'existentialisme, il nous paraît possible de considérer Aristote, Descartes[46] et Kant comme des précurseurs car leur

46   Le reproche du binarisme (*res extensa*/*res cogitans*) qu'émettent depuis plus de 350 ans les philosophes envers Descartes, et pas seulement eux, en utilisant pour cela la méthode cartésienne est un paradoxe que l'on ne remarque même plus. Il donne la mesure de l'emprise du fondateur de la philosophie moderne de la subjectivité matinée de mécanicisme avec ses avatars biophysique, biochimique, bionique, sur la pensée contemporaine. Dire dès lors qu'on est tous des cartésiens, anti-cartésiens compris, est un deuxième paradoxe qui découle directement du premier. Et ce sont les anti-cartésiens qui semblent les meilleurs réplicateurs culturels, mémétiques (Damasio, 2000; Dawkins, 2003; Blackmore, 2006) du logos cartésien. Enfin il y a un troisième paradoxe, le plus important, mais presque inavouable à cause d'un malentendu tenace: au fond, Descartes n'est pas si binaire que ça, plus encore, il est l'inspirateur d'un modèle philosophique et logique ternaire. La difficulté d'accepter cela vient du fait qu'en «avançant masqué» comme il le reconnaît lui-même, le modèle ternaire s'installe discrètement au cœur même de son système binaire. En effet au début, dans le *Discours de la méthode* de 1637 (Descartes, 1990) et dans les *Méditations métaphysiques* de 1641 (Descartes, 1993), l'âme se confond avec l'esprit constituant la «chose pensante» (*res cogitans*) qui s'oppose au corps, la «chose étendue» (*res extensa*). Dans *Les Passions de l'âme* de 1649 (Descartes, 1988), on ne trouve plus rien du contenu des deux premiers ouvrages considérés comme l'achèvement de la philosophie binaire cartésienne. Ni la méthode de conduire la raison vers la certitude, ni doute méthodique, ni le «je pense donc je suis», ni le doute métaphysique, ni les «idées claires et distinctes». On trouve en échange la description des passions en général et leur caractère changeant, les six passions primitives, les passions particulières, leurs relations avec les mouvements du corps et avec la sagesse de la raison, tout en admettant «que c'est d'elles seules que dépend tout le bien et le mal de cette vie» (Descartes, 1988: 278). Il y a dans cette affirmation morale la preuve que les règles de conduite de la raison de l'âme sont différentes de celles du *cogito* classique. Ne serait-ce que la «générosité», l'une de ces passions de l'âme, donnant à penser que la conscience affective peut être considérée comme une «raison aimante». L'erreur de Descartes fut peut-être avant tout celle de mourir trop tôt, en pleine force créatrice, sans pouvoir ni se défendre ni améliorer les «passions de l'âme», véritable testament de sa conversion philosophique à la fois ternaire et existentialiste avant la lettre. Jusqu'à aujourd'hui pourtant *Les Passions de l'âme* constituent le livre de trop pour les philosophes ontologistes, un égarement tardif du génie cartésien de l'époque glorieuse du binarisme. On peut lire La *Pathétique cartésienne* de Jean-Maurice Monnoyer, introduction consistante

connaître philosophique s'inscrit dans l'entre-deux, au milieu de l'orthogonalité *matérialisme/idéalisme* qu'ils reconnaissent explicitement. C'est à leur suite que d'autres philosophes ont fait du sujet pensant la clé de voûte de leur logos, à tel point que l'on peut affirmer qu' «il n'est pas de philosophie qui ne soit existentialiste» (Mounier, 1948: 8). Si Husserl est à la source de la phénoménologie, ceux qui l'ont instituée comme courant philosophique autonome sont principalement Heidegger, Merleau-Ponty et Sartre. Sur la diagonale phénoménologique, l'*existentialisme* s'affirme à mi-chemin dans une zone large, en tant qu'équilibre organisateur de tout l'axe phénoménologique et dont le point «T», le *foyer existentiel*, ou encore la «clairière de l'Être» expriment l'étant humain

---

dépassant le texte même de Descartes, pour s'en rendre compte: «Ignoré autant que possible, mais entrant dans la connivence d'une princesse ou d'une reine, préférant la ‹gondole› au cheval, le voyage somnolent par les canaux au périple hasardé, Descartes a soumis la passion politique à l'examen du monde fluctuant des états d'âme» (Monnoyer, 1988: 134). Quel sacrilège cette irruption de l'irrationalité féminine du «logos hysterikos» dans la maison du «logos spermatikos» masculin! Cela en dit long sur le fait que l'on préfère toujours considérer comme paallèles (*ibid*.: 24), donc complètement séparés, *res extensa* et *res cogitans*, par une interprétation fallacieuse des «idées claires et distinctes» en flagrante contradiction avec la Géométrie de Descartes, dans son application la plus connue, les axes coordinateurs cartésiens, séparés, mais pas complètement puisqu'ils ont une origine commune, le doute cognitif (Zizek, 2008: 119), leur permettant la corrélation. C'est dans ce sens de trait distinctif orthogonal et non de parallélisme que nous comprenons les «idées claires et distinctes» cartésiennes. En partant de là, la mise en place d'un modèle ternaire de la philosophie devient possible. Il comporte l'axe coordonnateur horizontal *res extensa*, l'axe coordonnateur vertical *res cogitans* et enfin la raison aimante «*res animans*», diagonale corrélative organisatrice. Si Descartes considérait à tort que le «siège de l'âme» était dans la glande pinéale, aujourd'hui l'épiphyse, il n'en reste pas moins que celle-ci fait partie du cerveau limbique, émotionnel et mnémonique dont les neurosciences reconnaissent maintenant l'importance dans l'édification de l'esprit humain (Changeux, 2002; Damasio, 2002). «Il est grand temps que les partisans de la subjectivité cartésienne exposent, à la face du monde entier, leurs conceptions, leurs buts et leurs tendances, qu'ils opposent aux contes pour enfant que l'on raconte sur ce spectre de la subjectivité cartésienne un manifeste philosophique de la subjectivité cartésienne elle-même» (Zizek, 2007b: 6).

existant inséparablement du souci ontologique de l'éthique de la vérité (Heidegger, 1986), dans son optimum. Comme l'existentialisme phénoménologique se trouve à l'intersection de l'idéalisme médian subjectiviste et du matérialisme médian atomiste, il est considéré fréquemment comme un *atomisme subjectiviste* (Lalande, 1972: 1236). Cette coexistence atomiste et subjectiviste constitue les prémisses d'une intersubjectivité, le psychologisme, qui n'est pas étranger à une définition partielle non seulement de l'existentialisme, mais aussi de toute la diagonale phénoménologique, comprenant aussi bien le positivisme que l'essentialisme. D'ailleurs Husserl lui-même affirme que «des concepts, les jugements, les déductions, les démonstrations, les théories seraient des évènements psychiques» (Morfaux, 1980: 296). Plus encore, la théorie du champ qui combine implicitement une dimension discrète dans une structure totalisante, celle des particules, l'atomisme, et une autre dimension continue, celle des ondes, le subjectivisme, est à la base même de la théorie psychologique de la Forme (Gestalt) qui baigne dans l'ambiance de la phénoménologie (Piaget, Garcia, 1983: 46-62). Enfin, la doctrine associationiste ou l'atomisme psychologique de Hume, Mill et Taine (Morfaux, 1980: 29), mais aussi l'atomisme logique de Wittgenstein et Russell, du côté positiviste de l'existentialisme cette fois, mettent en évidence le rôle médiateur de l'existentialisme pour toute la diagonale phénoménologique. L'*existentialisme*, par sa position médiane d'équilibre dynamique entre la semi-potentialisation simultanée et réciproque des tendances opposées de l'*empirisme* et de l'*essentialisme* et la semi-actualisation simultanée et réciproque des tendances convergentes atomiste et subjectiviste s'affirme comme synthèse philosophique, authentiquement humaniste: pensée agissante, imposant sa gouvernance éclairée et durable sur les inévitables compromis sociétaux futurs.

Pour exprimer le sens de l'*existentialisme phénoménologique*, nous avons adopté la pensée de Merleau-Ponty tant dans la *Phénoménologie de la perception* que dans *La guerre a eu lieu*, les deux parus en 1945. Dans le premier ouvrage, l'originalité existentialiste s'exprime par le concept de corporéité et de «coexistence irrécusable» avec autrui, tandis que dans le deuxième on lit ce que l'on peut considérer comme la définition essentielle de l'existentialisme: «dans la coexistence des hommes, à laquelle ces années nous ont éveillés, les morales, les doctrines, les pensées et les coutumes, les lois, les travaux, les paroles s'expriment les uns les autres, tout signifie tout. Il n'y a rien hors cette unique fulguration de l'existence» (Merleau-Ponty, 1996: 185). Par contre, nous n'avons pas retenu le premier existentialisme de Sartre (1943), ontologique mais débordant de vacuité où le seul être réellement existant, le *pour-soi*, «est ce qu'il n'est pas et n'est pas ce qu'il est», se nourrissant lui-même de son déchirement perpétuel sans illusion aucune quant à une synthèse, un dépassement ou un espoir (Piclin, 1980: 207-210), ni celui de Heidegger tout aussi pessimiste de «l'être vers la mort» même s'il représente la condition qui rend possible la révélation de l'existant dans sa pleine propriété de son existence véritable d'être fini (Heidegger, 1986).

En ce qui concerne le point «T», foyer existentiel, nous avons par contre choisi le caractère humaniste du connaître existentiel qui s'affirme chez Sartre en 1945, dans l'euphorie de l'après-guerre, sous la forme explicite d'un *existentialisme humaniste*, agissant et optimiste, dont l'athéisme feint n'est en fait qu'une éthique protestante de tendance laïque:

> L'existentialisme n'est pas tellement un athéisme au sens où il s'épuiserait à démontrer que Dieu n'existe pas. Il déclare plutôt: même si Dieu existait, ça ne changerait rien; voilà notre point de vue. Non pas que nous croyions que Dieu existe, mais nous pensons que le problème n'est pas celui de son existence; il faut que l'homme se retrouve lui-même et se persuade que rien ne peut le sauver de lui-même, fût-ce une preuve valable de l'existence de Dieu. En ce sens, l'existentialisme est un optimisme, une doctrine d'action, et c'est seulement par mauvaise foi que, confondant leur propre désespoir avec le nôtre, les chrétiens peuvent nous appeler désespérés (Sartre, 1996: 77-78).

Mais au début du XXIe siècle, la belle définition sartrienne de l'existentialisme humaniste optimiste, a vécu. Pour prévenir la barbarie, il vaudrait mieux redéfinir l'humanisme contemporain en assumant l'autolimitation responsable du progrès scientifique, sans quoi le rapport au politique et les relations à autrui, l'environnement écologique et dernièrement l'héritage génétique même de l'homme seront radicalement modifiés (Jonas, 1990; Sloterdijk, 2000a; 2000b; Fukuyama, 2002; Dickès, Lafargues, 2006). Plus que jamais l'essence de l'homme, son humanité, sera celle qu'il assignera au don prométhéen de la technique tout en mesurant bien ce qu'il lui doit, mais aussi ce qui pourra lui en coûter (Bourg, 1996). Sans responsabilité intransigeante ne risque-t-on pas, à cause de la mobilisation infinie du génie génétique et bionique, de basculer dans un posthumanisme de l'animalisation, de l'artificialisation et de la réification de l'homme digne du meilleur des mondes décrit par Aldous Huxley? Pour éviter la rupture de l'équilibre existentiel culture-nature, la pensée humaniste moderne (Comte-Sponville, Ferry, 1998) devrait proposer plus qu'une éthique individualiste optimiste et sa sagesse athéiste spiritualiste, inspirée par la «vie bonne» de la philosophie narcissique des bobos (Brooks, 2000) ou par celle de la «belle vie» libertine et pacifique des bonobos (Waal, 2006), prenant la forme philosophique de «libertinage solaire» (Onfray, 1998), les deux succombant aux charmes trompeurs du *New Age* thérapeutique (Ferreux, 2003) et à l'intoxication volontaire par la spectacularisation permanente et généralisée de la société (Debord, 1996; Zizek, 2007a). Le temps de répondre aux questions qui fâchent est arrivé.

> Comment peut-on répéter le choix de la vie à une époque où l'on déconstruit l'antithèse de la vie et de la mort? Comment pourrait-on penser une bénédiction qui dépasserait l'antinomie simplifiée de la malédiction et de la bénédiction? Comment pourrait-on formuler une Nouvelle Alliance dans la complexité? Des questions comme celles-ci expriment l'idée que la pensée moderne ne réussit pas à formuler une éthique tant qu'elle continue à ne pas être au clair sur sa logique et son ontologie (Sloterdijk, 2000b: 99).

6.3 Au-delà de la philosophie fonctionnaliste: la philosophie finaliste

Si le modèle ternaire rend compte de la structure d'une philosophie fonctionnaliste toujours à la recherche d'un équilibre corrélatif entre les contraires *matérialiste* et *idéaliste* et médiatisé par le tiers inclus diagonal de l'*existentialisme*, il n'est pas utilisable dans le cas de la philosophie transfonctionnaliste, finaliste. Pour cette philosophie, il faut ajouter l'autre triangle, mobilisant ainsi tout le carré philosophique (fig. 33). La ligne de force de la philosophie méta-fonctionnaliste n'est plus la diagonale fonctionnaliste et sa corrélation inverse, mais la bissectrice, l'autre diagonale et sa corrélation directe finaliste.

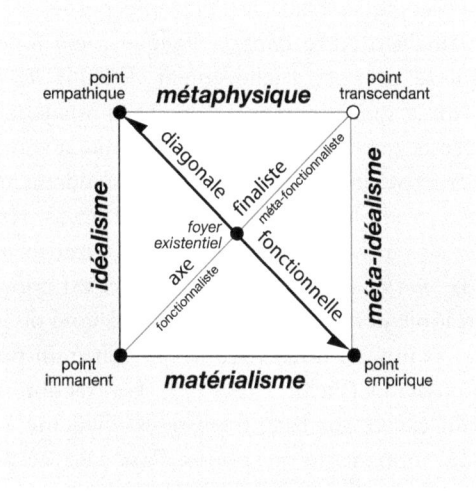

Figure 33: Carré philosophique

Cette autre diagonale, traversant le champ philosophique du point immanent de l'origine vers le point transcendant final, téléologique, peut porter le nom d'*axe finaliste* (Costa de Beauregard, 1963). Au point transcendant final, tant le *matérialisme* que l'*idéalisme* ont des valeurs maximales. La première partie de l'axe finaliste, du point immanent jusqu'au foyer existentiel, fait partie de la logique philosophique ternaire fonctionnaliste. On se souviendra qu'en parlant de la logique et de son aspect organisationnel, on avait fait remarquer que tout système présente simultanément une interaction complémentaire de type diagonal et une interaction symétrique de type bissectrice. Ceci reste vrai pour la logique philosophique ternaire car au *foyer existentiel* il y a superposition des valeurs complémentaires diagonales avec les valeurs symétriques bissectrices des axes matérialiste et idéaliste.

Cette première partie fonctionnaliste de l'axe finaliste correspond à la vision de la dialectique fonctionnelle de type kantien dont l'entendement, «pays de la vérité» (Kant, 1987: 265) et son «'usage logique' profondément remanié et développé sous le nom d'usage empirique, sera le véritable fondateur de la connaissance» (Piclin, 1980: 137), préfigurant la pensée phénoménologique. Dans la deuxième partie, au-delà du foyer existentiel, l'axe finaliste entre dans la logique méta-fonctionnaliste de type hégélien qui se propose l'achèvement définitif de la philosophie (Hegel, 1993). Après qu'à l'origine du point immanent, l'*être-en-soi* (la thèse) se soit posé et que par la suite il se soit nié, à son tour, en devenant dans le foyer existentiel fonctionnel de l'entendement humain l'*être-pour-soi* (l'antithèse), vient le troisième terme de l'*être-soi*, réconciliation de l'*en-soi et* du *pour-soi* (la synthèse) dans le point transcendant. «Ce qui l'emporte, c'est la *marche vers la synthèse*, et celle-ci est conçue comme un progrès, une harmonie dernière. Autrement dit, à côté de la fuite de chaque terme en son contraire, nous voyons apparaître un point où les oppositions s'évanouissent.» (Piclin, 1980: 175). L'attraction magique que le point transcendant exerce sur l'axe finaliste est évidente à moins que ce ne soit la causalité immanente qui pousse l'axe vers ce point: «quant à l'univers qui semble à plusieurs théoriciens émaner d'une fantastique explosion de causalité, pourquoi peut-être ne finirait-il dans un gigantesque implosion de finalité?» (Costa de Beauregard, 1963: 142).

Issu directement de la dialectique hégélienne le concept évolutionniste est lui aussi, inévitablement finaliste. «L'évolution enveloppe une fin qui donne son orientation au processus entier et c'est par référence à cette fin que les phases du processus constituent un ordre de degrés de valeurs ascendantes» (Harris, 1979: 209). Ainsi la dialectique évolutionniste hégélienne reste la variante la plus moderne de la philosophie transcendantale. Dans pratiquement tous les domaines de la science (physique, biologique, humain), les théories transcendantales, qui parfois s'ignorent, connaissent un intérêt croissant, sans être à l'abri de récupérations idéologiques.

Méta-idéalisme

> «La terre ne sera plus qu'un immense jardin / Où pousseront les plantes de toutes les contrées / Les palmiers couvriront les rivages du nord / Les rosiers pousseront aux sommets des glaciers.»
>
> Friedrich Engels, fragment du poème *Un soir*, in: Marcel Ollivier, *Marx et Engels, poètes*, 1933: 160-161.

L'axe philosophique vertical au bout du *matérialisme*, en contact avec celui-ci dans le point empirique mais aussi avec l'axe métaphysique dans le point transcendant, s'impose topologiquement dans la fonctionnalité du champ philosophique. Lui trouver un nom propre, celui de *«méta-idéalisme»*, ainsi qu'un philosophe majeur de référence pour lequel il soit le parcours essentiel est impératif. Ce philosophe de la dialectique finaliste, déterministe et pratique entre l'empirisme social et la métaphysique transcendantale, ne pouvait être, après moult interrogations, que Karl Marx. C'est en lisant en parallèle *Le jardin imparfait* de Tzvetan Todorov et *Karl Marx ou l'esprit du monde* du prolixe Jacques Attali, les deux sous l'arbitrage critique de l'ouvrage *Hegel et les rescendances de la métaphysique* de Ingeborg Schüssler, dont la consistance philosophique remarquable nous a guidé, qu'est venu la confirmation de ce choix. Le double scientisme dont parle Todorov, le scientisme technique du capitalisme et le scientisme utopique du communisme, se trouvent ensemble dans la philosophie de Marx, dans un scientisme transcendantal, critique radicale du capitalisme et l'avènement de la promesse communiste. Si Todorov (1998) fait le pari de l'aisance éloquente du néo-humanisme interactif de la *vie bonne* mais frêle qui «ne dit rien des exigences fondamentales de survie: être nourri, au chaud, sans crainte pour le lendemain ni pour ses proches» (*ibid.*: 335) et prends la voie fonctionnelle de la diagonalité philosophique phénoménologique au plus près de son équilibre médian existentialiste, Marx, déjà deux siècles et demi plus tôt (1848), ne se contentant plus d'interpréter l'histoire n'avait cure de la morale établie, de l'humanisme bourgeois, de l'interaction, de la liberté personnelle, de l'autonomie de l'homme actif, du «jardin imparfait de l'homme». Il voulait changer le monde par la voie la plus courte et violente, révolutionnaire, de la dialectique verticale en le conduisant au sommet de toutes les espérances, jusqu'alors déçues, au jardin parfait du communisme. Toute cette conjonction de matérialisme énergétique et d'idéalisme messianique confirme bien Marx, faustien de génie, comme le philosophe typique du parcours topologique de la philosophie *méta-idéaliste*[47] et d'application scientiste transcendante. Toute sa vie et toute sa pensée sont traversées par des contradictions dont la nature paradoxale fait qu'elles restent sans réponse, mais fascinent encore, tout en éclairant, en creux, sa philosophie telle une passion déchue.

Parmi les contradictions philosophiques de Marx (Attali, 2005), certaines retiennent particulièrement l'attention: il héritait d'Angleterre la passion de l'empirisme, à l'instar de Hegel, son premier maître à penser, il entend donner une lecture globale du réel; mais à sa différence, il ne voit le réel que dans l'histoire des hommes, et non plus dans le règne de Dieu, il refuse qu'on fasse de lui un idéologue, il affirme que le travail constitue en soi une insupportable aliénation pourtant, c'est à travers le travail que sa méthode dialectique est principalement en contact avec la réalité matérielle, enfin il est un matérialiste qui croit aux forces de l'esprit. Parmi tous ces traits de caractère antinomiques, on aimerait particulièrement s'arrêter à la parenté dialectique entre Hegel et Marx.

> Selon Hegel, l'histoire est l'autoproduction de la *subjectivité absolue* – autoproduction au travers de laquelle elle se procure la certitude absolue de ce qu'elle est véritablement la subjectivité absolue et englobante. Dans le cas de la subjectivité absolue de Hegel, cette autoproduction est une production entièrement *auto-nome*. Car la subjectivité absolue – précisément parce qu'elle est absolue et englobante – pose déjà l'*objet* dans lequel elle s'objectivise par le seul acte de l'objectivation de soi. Par une telle objectivation de soi entièrement autonome, la subjectivité absolue s'établit ainsi elle-même comme ce qui est *autre* qu'elle-même, soit comme *nature* spatio-temporelle, mais non pour en rester à cet être-autre (*Anders-sein*) ou à cette aliénation (*Entfremdung*), mais pour se ressaisir et opérer le retour à elle-même et se reconnaître elle-même dans cet

---

[47] Le communisme est un *méta-idéalisme* dans la mesure où il a été préalablement une grande Idée exprimée dans le ‹Manifeste communiste› «qui a échoué dans sa réalisation, alors que le capitalisme a fonctionné ‹spontanément›: il n'y a pas de ‹Manifeste capitaliste» (Zizek, 2007b: 262-263).

> être-autre, devenant par là esprit absolu. Ce processus de la suppression progressive de l'aliénation d'avec soi – suppression opérée par la performance de la volonté de l'esprit – est le processus de la nature et de l'histoire dans leurs différentes époques. Or, ce processus étant celui de la subjectivité absolue, laquelle pose elle-même l'objet dans lequel elle s'objectivise par un acte entièrement autonome, il est possible de *construire a priori*, par la pure pensée philosophique, la systématisation des différentes époques principales du processus de la nature et de l'histoire (Schüssler, 2003: 249-250).

Pas besoin de mobilisation révolutionnaire pour accélérer ou changer le cours d'un processus objectif déduit par la conscience de l'esprit absolu. Si le capitalisme est advenu, ce n'est pas par la volonté subjective de l'homme, mais parce qu'il était nécessaire qu'il advienne. De même, du point de vue de la dialectique hégélienne, si le vrai communisme doit objectivement advenir, il adviendra. C'est la pure pensée philosophique qui s'objectivise dans la systématique évolutive des différentes époques du processus de l'histoire dont l'autoproduction est entièrement autonome. Dans son expression achevée et absolue, la philosophie hégélienne aboutit dans le point transcendant, touchant la métaphysique après avoir traversé tout le champ philosophique depuis le point origine en longeant la pente bissectrice ascendante de l'axe finaliste.

Chez Marx on constate deux mouvements contraires sur l'axe vertical *méta-idéaliste*, entre le point transcendant et le point empirique: d'abord une rescendance (descente) puis une ascendance qu'on peut nommer «réascendance». Dans la rescendance, Marx n'opère

> plus un mouvement qui a pour point de départ la nature et qui la transcende vers son fondement suprasensible – vers l'idée platonicienne ou, au comble de cette métaphysique, vers la subjectivité absolue hégélienne. Au lieu de ce mouvement de transcendance de la métaphysique traditionnelle et en riposte à celui-ci, la pensée philosophique opère chez Marx un mouvement de rescendance, par lequel elle descend dans le υποκειμενον matériel sensible. Elle effectue ce mouvement en emportant toute la transcendance de la subjectivité suprasensible pour la plonger dans la *nature sensible*, par quoi cette subjectivité devient la subjectivité naturelle: l'homme. Il apparaît donc que chez Marx la métaphysique opère un mouvement par lequel elle ‹rescende› dans l'homme compris comme sujet *naturel*, et que par ce mouvement elle réduit l'ancienne transcendance à

l'homme. En ce sens, on peut dire que dans la pensée de Marx a lieu *la réduction anthropologique et matérialiste de la métaphysique* (*ibid.*: 237).

Dans cette brusque descente du point transcendant culminant, le sujet absolu de l'*en-soi-pour-soi* hégélien, emporte avec lui la subjectivité absolue pour plonger vers le point empirique. Au fur et à mesure de cette rescendance le sujet absolu hégélien perd en idéalisme pour gagner en matérialisme, se transformant finalement en sujet absolu mais naturel, c'est-à-dire homme. Par ce processus, «l'homme être social générique par son essence, s'installe objectivement et effectivement en tant qu'être social, collectif, se sachant et se possédant dans la certitude de l'absolu comme étant désormais le sujet absolu» (*ibid.*: 254-255).

Dans la pratique révolutionnaire, l'homme naturel marxiste devient le surhomme communiste qui se doit d'être supérieur biologiquement et intellectuellement comme l'a affirmé Trotsky dès 1924 (Trotsky, 1974: 145-146), pour conduire la destruction nécessaire du capitalisme par la violence. Cette destruction est le fait pratique marquant du mouvement rescendant de la dialectique matérialiste marxiste. Mais détruire le capitalisme ne signifie pas pour autant l'enclenchement automatique de la construction du communisme, considéré comme processus objectif autonome d'autoproduction dialectique.

«Pour que cette pensée devienne une réalité, il faut l'extérioriser, l'objectiver, l'établir dans le dehors de la conscience comme existence objective. C'est par là que la pure *pensée* de la suppression de l'aliénation se transforme nécessairement dans la *pratique de la révolution*, qui supprime effectivement cette aliénation» (Schüssler, 2003: 254). Mais justement pour que cette pensée devienne une réalité, elle doit être validée par la praxis. Et là il y a un problème de dialectique philosophique qui enlève au marxisme tout fondement d'objectivation comme théorie préalable, a priori, programmatique, pour construire la société communiste. C'est que du point de vue marxiste

> [...] l'homme en tant que sujet *objectif* ne produit pas l'objet dans lequel il s'objective par un acte absolument autonome; au contraire, pour qu'il puisse s'objectiver dans l'objet, il faut qu'il soit, au préalable, déjà, l'objet de l'objet dans lequel il s'objective. L'homme en tant que sujet objectif a donc nécessai-

rement *l'objet* en dehors de lui. Il ne dispose pas de l'objet dont il a besoin pour s'objectiver. Cet objet est *une donnée de part en part empirique*. Or, l'histoire étant, selon Marx, précisément le processus de l'objectivation de soi de l'homme dans de tels *objets donnés a posteriori*, il est donc impossible de construire les différentes époques de l'histoire *a priori* par la pure pensée philosophique, mais il faut prendre en considération *le stade factuel*, selon lequel se présente l'objectivisation de soi du sujet dans l'objet en l'occurrence à chaque époque. Cette prise en compte du stade factuel a lieu par *l'observation empirique* (*ibid*.: 250).

Donc pour Marx c'est de l'observation empirique du stade factuel de l'histoire qu'émerge, a posteriori, la loi objective de l'avènement communiste. La dialectique retournée de Marx, par rapport à celle d'Hegel, crée ainsi une contradiction théorique et pratique flagrante. En effet, tout en considérant la base matérielle de l'existence déterminante pour la superstructure des idées, le communisme réel a dérivé dans l'excès d'idéalisme, entretenu par la propagande de la nouvelle élite bureaucratique parasite, et le mépris du matérialisme, d'abord par la chosification et l'exploitation de la masse populaire travailleuse, créatrice de la richesse matérielle. En pratique ce fut une idéologie inapplicable: à chaque moment la pratique empirique, dont la validité ne pouvait être confirmée qu'a posteriori, était contredite par la doctrine théorique marxiste établie a priori ou simplement par les caprices du guide de la révolution. Si la destruction du capitalisme fut relativement facile, la construction du communisme, perdue dans la complexité dynamique d'une expérience dont l'objet était l'histoire grandeur nature, est devenue un bricolage empirico-scientiste continu, un puzzle qui, à mesure qu'on assemblait les éléments, changeait perpétuellement de configuration globale. C'est alors que le communisme réel, pratique du marxisme après Marx, a tenté le deuxième mouvement, celui de la réascendance. Malgré les slogans d'un optimisme surréaliste et un mouvement de mobilisation violente, continue et obligatoire, la route vers l'avenir radieux s'est transformée en chemin de croix. Au lieu de devenir le paradis promis de la richesse et de la liberté, la nouvelle société est devenue un immense camp de concentration de toutes les vexations et illusions humaines (Furet, 1995).

Sans vouloir faire du communisme réel un projet *utopiste raisonné*, peut-être réalisable, les disciples de Marx ont échoué. Dans cet échec Marx a sa part de responsabilité originaire, car son *méta-idéalisme* finaliste menait l'histoire à son terme à travers «le rôle prophétique et la fonction sotériologique qu'il reconnaît au prolétariat», avec la foi et la manière d'un athéisme religieux (Eliade, 1965: 175). Une entreprise irréalisable. Dévalorisé par l'expérience du communisme réel, le *méta-idéalisme* marxiste devient aujourd'hui «idéologisme», un terrain philosophiquement vague, occupé par les néo-idéologues – experts, conseillés ou gourous de toutes sortes – enseignant à qui veut le savoir-être, le savoir-faire, le savoir-vivre, le sauve qui peut à la carte, etc. Ne serait-il pas temps que le *méta-idéalisme* soit reconnu et introduit dans le circuit des idées philosophiques du XXIe siècle? La dématérialisation croissante des techniques matérielles toujours plus abstraites couplée avec la matérialisation virtuelle croissante des idées les plus abstraites entraînent la perte des repères existentiels traditionnels et, avec elle, le contrôle sur l'évolution des choses et des valeurs de l'environnement social en mutation accélérée. Aujourd'hui, pour paraphraser Marx, le spectre qui hante le monde n'est plus la vieille révolution prolétarienne, mais l'*énergétisme* méta-idéaliste explosif de la mondialisation qui ne s'annonce de loin pas comme une réunion mondaine.

Si on remplaçait le terme de bourgeoisie par celui de riche, celui de prolétariat par celui de pauvre et celui de libre-échange par celui de mondialisation, alors Marx dans la phrase finale d'un discours sur le libre-échange de 1847, a peut-être encore un rendez-vous avec l'histoire:

> mais en général de nos jours le système protecteur est conservateur, tandis que le système du libre-échange est destructeur. Il dissout les anciennes nationalités et pousse à l'extrême l'antagonisme entre la bourgeoisie et le prolétariat. En un mot, le système de la liberté commerciale hâte la révolution sociale. C'est seulement dans ce sens révolutionnaire, Messieurs, que je vote en faveur du libre-échange (Marx, 1963: 156).

Le renouvellement philosophique du *méta-idéalisme* passe donc par une clarification essentielle, celle du statut de l'être humain dans une société se trouvant, surtout depuis le début du XXe siècle, dans un processus accéléré de mutations technologiques. A côté et en liaison avec le rationalisme idéologique de Marx, proposant une société pour *un homme nouveau, internationaliste altruiste*, se trouvent deux autres philosophes, Max Stirner (1845) et Friederich Nietzsche (1883, 1885) proposant le projet d'avènement de *l'homme libertaire égoïste* et du *surhomme héroïque élitiste*, dont les caractères archétypaux se retrouvent dans l'interaction mouvante de la vie réelle. C'est autour de ces trois types d'hommes, dont le formatage en tant que classes sociales est toujours d'actualité, que la problématisation philosophique, devenue pratique constructiviste idéologique, a fait le lit depuis le milieu du XIXème siècle à tous les courants mobilisateurs visant le changement brusque, évolutif ou la conservation des sociétés en place. Peut-on aujourd'hui changer de référentiel? Rien n'est moins sûr.

Il est enfin symptomatique que ce soit du côté de l'axe *méta-idéaliste*, le plus idéologique de la philosophie, un axe sans nom propre et par conséquent sans fonctionnalité reconnue, sorte de rivage des Syrtes philosophique, que viennent quand on s'y attend le moins, les idées nouvelles et surprenantes pouvant envahir le champ philosophique entier et même en changer les règles de fonctionnement. Il n'en est pas de même de l'*idéalisme*, de la *métaphysique* et du *matérialisme*, peu propice à des bouleversements surprenants. Raison de plus d'accorder l'attention qu'il se doit au méta-idéalisme en acceptant que son méta-fonctionnalisme téléologique crée l'impulsion initiale, les idées nouvelles, radicales, subversives, utopiques, qui seront par la suite rationalisées par la fonctionnalité philosophique du domaine existentiel de la diagonale phénoménologique. On peut penser que le capitalisme doit en partie son triomphe à l'intériorisation de quelques bonnes recettes de l'ancien communisme réel, mises au goût du jour par son logiciel technologique. Serait-on en train de faire l'expérience de la première société globale de l'histoire, une nouvelle société d'apartheid à l'échelle mondiale nommée, par de jeunes blogueurs inspirés visitant la Chine, «*commutalisme*, communisme pour les pauvres et capitalisme pour les riches»?

Métaphysique

> «Quand on est banni des prescriptions visibles, on devient, comme le diable, métaphysiquement illégal [...]»
>
> Emil Michel Cioran, *Œuvres*, 1995: 647.

Il y a tellement d'écrits de grands philosophes sur la métaphysique (Nef, 2005) que rajouter quelques considérations factuelles n'a pas de sens. Par contre, définir clairement la position de la métaphysique dans le champ philosophique a le mérite de rendre visible ses affinités fonctionnelles. La schématisation du carré topologique nous permet de considérer la *métaphysique* comme l'axe philosophique se trouvant au-delà et parallèle à l'axe horizontal *matérialiste*, physique (fig. 34). Les deux axes sont comme plafond et plancher philosophiques connectés aux extrémités par deux autres axes, cette fois-ci verticaux, l'*idéalisme* et le *méta-idéalisme*, définis auparavant. Les points où ces deux axes verticaux prennent contact avec la métaphysique sont d'une part le *point empathique* au sommet de l'idéalisme d'où se détache aussi obliquement l'axe phénoménologique, traversant tout le champ philosophique jusqu'au *point empirique* et, d'autre part, le *point transcendant* au sommet du méta-idéalisme où aboutit obliquement l'axe finaliste dont le départ se détache du *point immanent* de l'origine. Cela permet à la métaphysique d'être en relation médiate avec l'axe horizontal matérialiste. Quoiqu'il en soit, dans la recherche du sens de la vie notre regard se tourne, qu'on le veuille ou non, vers la voûte métaphysique de la philosophie.

> L'histoire enseigne que l'homme ne peut se priver de ce genre d'exigences. Les vides métaphysiques (simples apparences, d'ailleurs) sont toujours très brefs. Nous pensons même qu'il n'y a jamais eu véritablement de tels vides, car sans une métaphysique, manifeste ou latente, l'homme ne peut exister. En fait, ces vacances métaphysiques ne se sont jamais déclarées. L'homme opte toujours pour une vision du monde, qu'elle soit abstraite-constructive ou mythologique, et pour tempérer un peu le sentiment de responsabilité qui vient de sa propre clairvoyance, il imagine, dans la mesure du possible, des conceptions que l'expérience ne puisse contredire. Quand de nouvelles données expérimentales commencent à contredire sa vision métaphysique, l'homme ne renonce pas à la métaphysique en général; il essaie seulement, à partir de ces données nouvelles, d'édifier une autre vision. Ce destin est celui de tous, même de ceux qui ne

> l'acceptent pas. La métaphysique se légitime moins par la puissance douteuse d'atteindre son objet que par sa capacité d'être un facteur constitutif du sujet. Pourtant, elle ne peut se justifier par le seul besoin chimérique d'un individu quelconque, mais par des aspirations profondes qui dépassent toutes les velléités ou aptitudes personnelles. La métaphysique est un impératif de la condition humaine en général et non la somme des modalités de ‹tempérament› et de ‹caractère› de tel ou tel individu. En elle se manifeste pleinement le mode ontologique humain. La métaphysique n'est pas l'excroissance palpitante d'une fragilité subjective, ni la cristallisation d'une fantasmagorie, ni même l'espace-refuge du désenchantement. Elle est le symbole et l'affirmation toujours renouvelée d'une modalité existentielle constitutive de l'être humain (Blaga, 1990: 16-17).

Pour ceux qui ont la révélation de la foi, la métaphysique est un tout dont le nom est Dieu «d'autant qu'au-delà de lui, et quelque effort que nous fassions pour scruter l'horizon, nous ne décelons pas d'existence plus essentielle» (*ibid.*: 27). Il se manifeste à travers des visions les plus diverses, par exemple le questionnement permanent théologal (Jacques, 2005) ou la sophiologie (Boulgakov, 1983), véritables doctrines de la foi, qui font bonne compagnie avec la simple révélation imaginale subjective dans l'intelligence métaphysique de l'être existentiel aimant l'Autre.

> Si la révélation est une ‹descente au monde›, le concept est une montée (processus d'abstraction) vers la sphère universelle et éternelle des idées. Comme notre révélation n'est pas mystique, mais herméneutique, que son dévoilement est le fruit d'une méthodologie imaginale, il est possible que les deux se croisent et ne soient pas totalement étrangers l'un à l'autre. Si la Révélation n'est pas conceptuelle, l'interprétation que l'âme en fait peut l'être, ou à défaut, posséder cette rigueur caractéristique du concept: l'interprétation tente alors de transformer sa vision révélatrice en dire universel, en *expression* de l'Ame universelle, accessible à toutes les âmes-intelligences (Fleury, 2000: 219).

Si, comme l'aurait affirmé Malraux, le XXIe siècle sera religieux ou ne sera pas, il en sera de même du point de vue métaphysique, tant entre les deux la relation attraction/répulsion est forte. Sans religion, la métaphysique est une «hauteur béante» et la religion sans la métaphysique n'est qu'une «vallée des larmes» et de sang. Trouver leur improbable unité devient alors la tentation mystique irrépressible de l'homme, à la quête de la révélation du mystère de sa singularité d'*Etre historique:*

> Pour vague et déguisé qu'il soit, ce penchant n'en a pas moins des attaches profondes; nous lui obéissons sans le savoir. Il s'agit d'une dimension divine et démoniaque qui nous appartient en propre et que seules des dispositions d'ordre métaphysique peuvent neutraliser. La peur ou la révolte ne sont point de mise. Nous devons accepter courageusement cet état objectif: les ascètes eux-mêmes ne lui restent-ils pas inconsciemment assujettis lorsque, à force de mortification et avec une simplicité étonnante et sacrée, ils veulent s'unir à Dieu? En effet, dans les recoins ténébreux de son âme, tout homme se prend pour le centre de l'existence et ces cas sublimes d'humiliation mystique en constituent le témoignage inverse. Dire que les ascètes les plus profonds ne sauraient éluder les structures humaines essentielles ne revient certes pas à démarquer ou à dénoncer quoi que ce soit au sens grossier du mot. D'ailleurs, les états d'extase, dont les ascètes affirment qu'ils sont de véritables fenêtres vers l'Absolu, participent de tout leur poids à l'histoire et affichent les marques de la *relativité historique*. [...] Loin d'être de véritables évasions vers l'Absolu, les états et les visions mystiques accusent invariablement le cachet de certains *styles* et se révèlent, par là même, relatifs; ils ne nous donnent que l'apparence de l'accès à l'Absolu. Ils sont, en d'autres termes, *stylisés* par les *mêmes catégories profondes* qui façonnent le profil historique d'une certaine région ou d'une certaine époque. Les extases mystiques, difficilement accessibles, revêtent des formes stylistiques particulières en Occident, au Mont Athos, dans le contexte islamique ou chez les Hindous. Ces états et ces visions peuvent être magnifiques, ils n'en appartiennent pas moins à l'histoire et ils portent indéniablement le témoignage d'un style. L'homme, même au sommet de la transfiguration, n'est qu'un *Être historique*, c'est-à-dire le maximum qu'il puisse être, car, s'il avait accès à l'Absolu, il déborderait à la fois l'histoire et la nature, et ne trouverait pas plus sa place dans l'une que l'autre (Blaga, 1990: 148-149).

A la fois plénitude et consolation, l'histoire de l'homme se trouve ainsi forclose devant les points *transcendant* et *empathique*, portes de la métaphysique, domaine réservé au Grand Anonyme, lui permettant de gérer seul le mystère cosmique par la «censure transcendante qui régit tout acte cognitif, d'une part, et, d'autre part, le frein transcendant dont dépend tout acte révélateur» (Blaga, 1990: 153). Pourtant l'homme n'a jamais renoncé à l'exégèse et à la pratique révolutionnaire du mythe de la transgression de la censure transcendante/métaphysique pour usurper la place du Dieu et devenir lui-même l'Homme-Dieu, démiurgique, héritier et continuateur de la rébellion luciférienne qui fait du Mal le pendant du Bien dans l'économie de la Création. Le résultat est la doctrine gnostique de la Vérité et son aspiration unificatrice, se perpétuant sans cesse dans le flux des visions philosophiques, politiques, scientifiques (Ruyer, 1974; Nicolescu, 1985, 1988; Couliano, 1990; Bloom, 2001, 2003; Newberg, D'Aquili, Rause, 2003).

A la fin de ce bref parcours philosophique, on averti ceux qui interpréteront le modèle ternaire tel un cadre rigide, rappelant la voûte céleste sur laquelle les concepts philosophiques et les philosophes seraient fixés à jamais. Bien au contraire, le champ philosophique demande une interprétation dynamique comme s'il s'agissait de lignes de force, d'attracteurs polarisants, de singularités, de points, de lignes et de surfaces que les philosophes parcourent suivant des trajets et des points d'arrêt multiples dont certains sont nouveaux, d'autres familiers, d'autres évités. Il suffit de réaliser à propos de quelques concepts philosophiques que ce soit, qu'il y a une multitude d'interprétations dans lesquelles on se retrouve aussi bien qu'on se perd.

> Il peut arriver que nous croyions avoir trouvé une solution, mais une nouvelle courbure du plan que nous n'avions pas vue d'abord vient relancer l'ensemble et passer de nouveaux problèmes, un nouveau train de problèmes, opérant par poussées successives et sollicitant des concepts à venir, à créer (nous ne savons même pas si ce n'est plutôt un nouveau plan qui se détache du précédent). Inversement, il peut arriver qu'un nouveau concept s'enfonce comme un coin entre deux concepts qu'on croyait voisins, sollicitant à son tour sur la table d'immanence la détermination d'un problème qui surgit comme une sorte de rallonge. La philosophie vit ainsi dans une crise permanente. Le plan opère par secousses, et les concepts procèdent par rafales, les personnages par saccades. Ce qui est problématique par nature, c'est le rapport des trois instances (Deleuze, Guattari, 1991: 79).

N'avons-nous pas tout à gagner de la compagnie des philosophes? Ces «personnages conceptuels»[48] d'exception n'apparaissent pas n'importe où, n'importe quand ni n'importe comment, mais suivent des schémati-

---

48 «Les personnages conceptuels sont des penseurs, uniquement des penseurs, et leurs traits personnalistiques se joignent étroitement aux traits diagrammatiques de la pensée et aux traits intensifs des concepts» (Deleuze, Guattari, 1991: 67).

sations changeantes dont certaines ouvrent des voies nouvelles pour la pensée? Pour la plupart, elles semblent ternaires.

Chapitre 7

De la géométrie et de la logique ternaire

«– Ah, j'ai rencontré Isocèle. Il a une idée pour un nouveau triangle.»
Woody Allen, *Destins tordus*, 1981: 47.

Si nous passons de la modélisation ternaire de la logique naturelle et de la philosophie à la logique mathématique, si abstraite dans sa formalisation, il pourrait paraître à première vue qu'on se trouve devant une véritable rupture, une discontinuité difficile à combler. Pourtant pour Russell (1970: 231), il ne fait pas de doute que «maintenant est impossible de tracer une limite entre les deux». Nous pensons qu'on peut adhérer à cette remarque sans entrer obligatoirement dans la démarche analytique de la logique mathématique, pas pour (comme on dit) épargner au lecteur un détour à travers le champ aride des formules mais simplement parce que cela dépasse notre niveau de compétence. La possibilité de se référer au rapport existant entre la logique naturelle et la logique mathématique nous paraît tout de même possible et accessible par la voie des isomorphismes structuraux entre les invariants des deux logiques, qui ont en commun une histoire ternaire ou à trois valeurs.

Dans cette perspective, nous acceptons le fait, remarquablement mis en valeur par Jean-Blaise Grise (1976), que la logique naturelle est discursive tandis que la logique mathématique est démonstrative, ou encore que le critère de validité de cette différence est la théorie de la preuve. Cela sera également valable quant au fait que la logique naturelle, utilisant comme symboles des unités linguistiques, le plus souvent de simples mots, n'est que *vraisemblance* tandis que la logique mathématique, utilisant la méthode déductive qui part de propositions prémisses pour en arriver, par inférence démonstrative, à une conclusion univoque, est déjà plus que vraisemblable, elle est *vraie*. Force est de constater que la logique mathématique, malgré ses qualités indéniables, ne peut pas encore répondre aux exigences complexes, ambiguës et qualitatives du domaine des valeurs humaines comme le fait, malgré ses défauts, la logique naturelle.

7.1 Trois géométries

L'intuition géométrique cartésienne est à la base de la logique naturelle ternaire. Il est possible de voir comment d'une géométrie des formes, on peut passer à une géométrie des relations qualitatives, qui n'est pas sans rappeler les corrélations statistiques ou mathématiques.

Au début, il n'y avait qu'une seule géométrie, celle d'Euclide[49]. Elle restera inébranlable dans ses fondations jusqu'à Gauss (1775-1855). En effet, pour la première fois, Gauss a suggéré que la surface plane sur laquelle est bâtie la géométrie euclidienne n'est qu'un cas particulier d'une géométrie plus générale, celle des surfaces courbes (Coffey, 1981: 80). Mais comme les surfaces courbes peuvent l'être dans un sens (concave) ou l'autre (convexe), à la géométrie d'Euclide s'ajouteront, tout naturellement pourrions-nous dire, encore deux autres géométries, celle de Lobatchevsky et celle de Riemann (Poincaré, 1968: 64-65). Ainsi une triade géométrique se met en place dans un ordre génétique qui confirme la triade fonctionnelle à l'intérieur même du triangle logique, à savoir que la diagonale de la géométrie euclidienne apparaît la première. Cela est d'une grande importance, confirmant ce que Piaget a laissé entendre à

---

49 Au-delà de la vision purement géométrique, c'est la notion d'espace qui va s'enrichir. La vision euclidienne de l'espace n'est que l'un des espaces possibles parmi d'autres. A partir du XIXe siècle, les géométries non-euclidiennes (celles qui ne vérifient pas le postulat d'Euclide «par un point pris hors d'une droite, on peut mener une parallèle à cette droite et une seule») de Lobatchevsky (1792-1856) et Riemann (1826-1866) proposèrent des structures alternatives, des modèles différents de l'espace. Au départ de simples jeux formels, de pures gratuités mathématiques, ces modèles furent repris par les physiciens qui leur trouvèrent des applications concrètes. Dès lors, il n'y avait plus «l'espace» mais «des espaces» aux structures très différentes. (Quéau, 1989: 129; Verdier, 1999: 87-90, 163-164).

propos du troisième terme, la topologie, interprété comme diagonale dans le schéma ternaire mathématique bourbakien: «contrairement aux déroulements historiques des géométries, mais conformément à l'ordre de filiation théorique» (Piaget, 1970: 24), c'est celle qui apparaît la première dans la tête des enfants. Autrement dit: la diagonale fait le triangle rectangle. On ne sera donc pas étonné de noter l'apologie de la diagonale que Michel Serres nous semble en droit de faire (Serres, 1968: 88).

Voyons cependant d'abord si vraiment la triade géométrique représente un modèle logique ternaire tel que nous l'entendons, c'est-à-dire un modèle ayant la géométrie euclidienne en position diagonale.

Après avoir fait, en quelque sorte, une étude comparée des géométries de Riemann et de Lobatchevsky, Poincaré (1968: 66) arrive à la conclusion qu'il y a une sorte d'opposition entre elles. Cette conclusion nous donne l'argument qui nous permet de conserver les deux géométries comme couple d'opposés du champ logique ternaire de la géométrie, ce sont les deux axes coordinateurs tandis que «la géométrie euclidienne est intermédiaire [...]» (Lochak, 1994: 73-74).

Si la géométrie lobatchevskienne (hyperbolique) est construite sur une surface concave (à courbure négative) qui fait un triangle en l'occurrence rectangle isocèle à la somme des angles plus petite de 180°, la géométrie riemanienne (elliptique) est par contre construite sur une surface convexe (à courbure positive) à la somme des angles plus grande de 180°. La géométrie euclidienne se trouve ainsi juste au milieu, car construite sur une surface plane dont la somme des angles d'un triangle rectangle isocèle fait exactement 180° (Bouvier, George, 1979: 330). La même chose est exprimée par Mansion, plus simplement, de manière plus élégante et surtout plus utile pour nous: «un triangle rectangle isocèle est riemannien, euclidien ou lobatschevskien, suivant que le rapport de l'hypoténuse au côté est inférieur, égal ou supérieur à $\sqrt{2}$» (Brunschvicg, 1972: 522).

Quand on dit *milieu* en termes triadiques, on dit évidemment *diagonale* en termes ternaires. En effet, par son caractère médiateur, la géométrie euclidienne s'avère être sinon la géométrie par excellence, du moins la géométrie la plus commode car «elle est la plus simple» et «parce qu'elle s'accorde assez bien avec les propriétés des solides naturels, ces corps dont se rapprochent nos membres et notre œil et avec lesquels nous faisons nos instruments de mesure» (Poincaré, 1968: 76). Le fait de mettre en modèle ternaire la géométrie rend à celle-ci une certaine fonctionnalité dynamique entre ses composantes et, par là même, une structure organisée. Dans ce modèle, la géométrie euclidienne n'est plus une surface plane parfaite exceptionnelle, mais plutôt une surface dynamique fonctionnelle, d'une certaine épaisseur: elle résulte de l'intersection corrélative compétitive entre une surface à courbure négative et une surface à courbure positive. Les formes qu'elle exprime ne sont plus importantes dans leur pureté ontologique en tant qu'êtres géométriques, mais plutôt épistémologiquement en tant qu'invariants fonctionnels. Elle devient qualitativement compatible avec le développement même de la géométrie (on pense à l'axiomatisation géométrique de Hilbert ou encore à la topologie), puisque tout en gardant l'édifice euclidien, elle l'a fondé de plus en plus sur une cohérence axiomatique entre des objets euclidiens abstraits, libérés de l'intuition.

7.2 Trois triangles

Forme géométrique la plus simple qui circonscrit une surface, un champ, tout triangle est formé par trois sommets, trois côtés et trois angles. Tous sont des critères pour une classification générale des triangles.

Ainsi, si l'on considère les sommets et leurs angles, il y a trois types de triangles: acutangle, rectangle et obtusangle. De même, il y a trois types de triangles si l'on prend en considération les côtés: équilatéral, isocèle et quelconque. En combinant ces deux critères de classification, on obtient une matrice de trois sur trois, de laquelle résultent neuf types théoriques de triangles (tab. 2). En réalité, seulement sept types s'y retrouvent, puisque deux types, marqués entre parenthèses, n'existent pas[50].

---

50   Il est intéressant de constater que le cycle de manifestation de la Réalité d'après Jakob Bœhme (1575-1624) «doit comporter *neuf* éléments (3x3 = 9). Mais deux de ces éléments sont virtuels, invisibles – ils correspondent à deux discontinui-

Ce tableau met en évidence les positions particulières qu'occupent les trois triangles se trouvant sur la diagonale, c'est-à-dire le *triangle acutangle équilatéral*, le *triangle rectangle isocèle* et le *triangle obtusangle quelconque*.

		Angles		
		Acutangle	Rectangle	Obtusangle
Côtés	Equilatéral	Acutangle	*(Rectangle équilatéral)*	*(Obtusangle équilatéral)*
	Isocèle	Acutangle	Rectangle	Obtusangle
	Quelconque	Acutangle	Rectangle	Obtusangle

Tableau 2: Classification des triangles

Le triangle *acutangle équilatéral*, qu'on peut aussi nommer «central», se caractérise par des propriétés tout à fait exceptionnelles qui en font le représentant incontestable du triangle parfait. De ce fait, il remplit un rôle ontologique – et pas du tout une fonction dans le sens épistémologique. Sa forme parfaite exclut la discontinuité nécessaire à travers laquelle il pourrait «se mettre en marche». En quelque position qu'il soit, il se montre invariablement le même! Le modèle ternaire qu'il propose, figé dans sa perfection, n'est qu'une triade, une forme géométrique emblématique et symbolique. Le caractère exceptionnel du triangle acutangle équilatéral est confirmé par sa position solitaire parmi les triangles. Il n'y a en effet qu'un seul triangle équilatéral, l'acutangle justement. Ainsi, il

---

tés. Donc sur le plan ‹visible›, naturel, le cycle de la manifestation aura nécessairement une structure *septénaire* (9-2 = 7)» (Nicolescu, 1988: 45). Cela nous fait penser que la vision cosmologique septénaire, mais aussi celles ternaire et nonaire de Bœhme, ont probablement été inspirées, d'abord, par la simple classification des triangles, qu'il a dû connaître, dont les neuf types possibles (3x3 = 9) comptent sept triangles réels et deux triangles fictifs (9-2 = 7).

est simplement nommé *triangle équilatéral*. Cette simple définition illustre à quel point toutes ses mesures se confondent trois à trois. «Triangle dont les trois côtés sont identiques, c'est-à-dire ont même longueur, les trois angles ont même mesure (60°) et les points de concours des bissectrices, hauteurs, médianes et médiatrices sont confondus» (Bouvier, George, 1979: 266).

Avant de regarder le triangle fonctionnel par excellence, celui du milieu, le triangle rectangle isocèle, nous allons simplement rappeler que l'opposé du triangle équilatéral central, le *triangle obtusangle quelconque*, se trouvant à l'autre bout périphérique de la diagonale, n'est pas non plus fonctionnel parce qu'il est imparfait, justement obtus et quelconque. Il peut être à la limite tellement obtus, que le triangle lui-même, s'ouvrant jusqu'à 180°, disparaîtrait! Le triangle équilatéral est éliminé pour son caractère central et parfait, le triangle obtusangle quelconque est éliminé pour son caractère périphérique et imparfait.

Tout naturellement, nous revenons au triangle du milieu de la diagonale et même de la matrice tout entière. La position du milieu qu'occupe le *triangle rectangle isocèle*, est une position qui reflète ses propriétés: il est intermédiaire, médian. D'abord il n'est ni aigu ni obtus, si l'on se réfère aux angles et par conséquent il n'est ni quelconque ni équilatéral, si l'on se réfère aux côtés. S'il a deux côtés et deux angles égaux caractéristiques qui l'approchent aussi près que possible du triangle parfait équilatéral (qui lui en a trois de chacun), il a aussi un angle tout à fait particulier, un angle droit, sous-tendu par un côté lui aussi particulier, l'hypoténuse. D'ailleurs parmi les triangles ayant deux côtés égaux, donc isocèles, le triangle rectangle isocèle occupe une situation intermédiaire entre l'acutangle isocèle et l'obtusangle isocèle. La combinaison de l'angle rectangle et du caractère isocèle donnent au triangle rectangle isocèle des caractéristiques fonctionnelles particulières, mises en évidence dès l'Antiquité et développées depuis sans interruption.

En regardant d'abord le *triangle rectangle isocèle* tel quel, figure géométrique réelle (fig. 34), on constate qu'il a dans sa forme même un parcours structurant commençant avec le sommet de l'angle droit, se continuant avec les côtés et s'achevant avec l'hypoténuse (du moins dans une première approche). Nous désignerons par (A) le sommet de l'angle droit, par (B) et (C) les angles aigus, où B + C = 90°, par (a) l'hypoténuse et par (b) et (c) les côtés de l'angle droit.

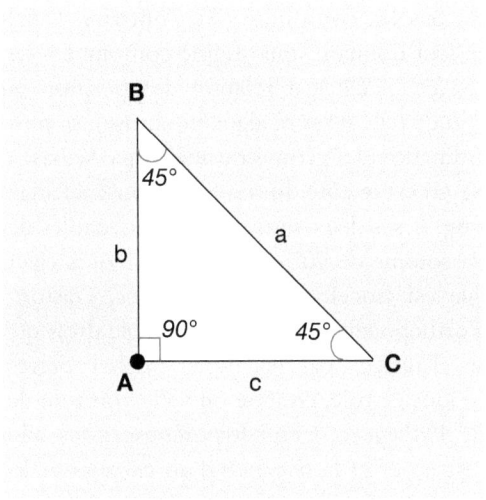

Figure 34: Le triangle rectangle isocèle

L'angle droit (A) résulte de la bifurcation des deux côtés et a une valeur de 90°. Son sommet peut être considéré comme l'origine même du triangle. Cet angle particulier représente l'ouverture du champ d'un possible triangle rectangle, de même que l'hypoténuse, le côté particulier qui lui fait face, sera sa fermeture, son achèvement. Dans une perspective qui sera déjà fonctionnelle, ou tout au moins relationnelle, on verra que cet angle droit, par le fait de mettre les deux côtés dans une position d'orthogonalité, c'est-à-dire réciproquement perpendiculaire, est considéré comme la clé de voûte du triangle rectangle en tant qu'invariant fonctionnel dans bien des domaines mathématiques. On peut même se dire que chaque fois que les mathématiques, et pas seulement elles, utilisent le mot *coordination*, elles se réfèrent presque immanquablement à l'angle droit – et donc au triangle rectangle.

Les vecteurs (b et c) quant à eux, toujours d'une part et de l'autre de l'angle droit, porteront le nom de *côtés* pour affirmer clairement leur différence par rapport au troisième qui est l'*hypoténuse*. Ainsi le triangle rectangle est le seul qui fait une séparation nette entre ces trois droites (d'une part deux côtés et de l'autre l'hypoténuse). Mais mettre à part les côtés ne signifie pas les confondre. Au contraire, l'angle droit qui les sépare – tout en leur donnant une origine commune – les oppose. Cette orthogonalité, en ce qu'elle est relation d'opposition qui bénéficie de droiture, de rectitude (elle n'est ni aiguë ni obtuse), se pose à la source du concept de coordination. La géométrie analytique se base sur celle-ci.

L'hypoténuse (a) est le côté du triangle opposé à l'angle droit et par là même le plus long. A ses deux sommets se trouvent les deux angles aigus ayant toujours la somme de 90° et qui sont toujours égaux à 45° chacun quand le triangle est isocèle. Si pour certains, Gaston Bachelard par exemple, c'est l'orthogonalité, c'est-à-dire l'angle droit qui fait le triangle rectangle, pour d'autres, par exemple Michel Serres, c'est plutôt l'hypoténuse qui joue ce rôle, comme on va le voir tout de suite à propos de la théorie de Pythagore. Cette hypoténuse nous allons la nommer diagonale: elle est en effet la *diagonale* d'un carré pour lequel le triangle rectangle isocèle représente l'une des moitiés.

C'est en se basant sur cette image géométrique que nous allons suivre les trois grandes étapes de sa transfiguration fonctionnelle qui ont permis l'émergence d'autant de concepts de base dans le langage mathématique et statistique bien sûr, mais aussi dans le langage courant, c'est-à-dire la *relation*, la *fonction* et la *corrélation*.

7.3 La transfiguration fonctionnelle du triangle rectangle: relation, fonction, corrélation

La relation: la diagonale

Il ne fait pas de doute que le concept de *relation* trouve sa meilleure expression dans le triangle rectangle isocèle à propos du théorème de Pythagore. Ce théorème «prouve que le carré fait sur l'hypoténuse est égal à la somme des carrés faits sur les deux côtés de l'angle droit» (Brunschvicg, 1937: 21). Si la relation exprimée par ce théorème entre les côtés et l'hypoténuse était connue empiriquement par les Egyptiens et même par les Chinois, c'est seulement le Grec Pythagore qui le premier a réussi à l'exprimer clairement et à lui trouver la formulation dans toute sa généralité. Cette formulation, $a^2 = b^2 + c^2$ où $a = \sqrt{b^2 + c^2}$, est justement le type classique de relation: tout en étant l'expression d'un rapport constant dans tout triangle rectangle, elle se vérifie chaque fois dans un triangle réel, à propos d'une hypoténuse réelle, par une grandeur réelle de celle-ci. Ainsi la relation, ou encore le rapport en tant qu'expression de la fonctionnalité en général, ne se débarrasse pas encore de l'emprise «des grandeurs concrètes, réelles, sensibles, entendues comme des attributs d'objets tout aussi réels» (Watzlawick, 1972: 18). Dans le cas qui nous intéresse, le but de la relation, de la formule pythagoricienne, n'était autre que celui de mesurer le mieux possible chaque triangle rectangle. Mais à propos justement du théorème de Pythagore, et pour comprendre la raison profonde de la relation qu'il exprime, il n'est pas sans intérêt de constater qu'il existe trois façons de l'interpréter.

La première façon est de considérer que la pythagoricité émane de l'intérieur même du triangle rectangle et ne lui est donc pas imposé de l'extérieur par le carré. Pour suivre les argumentations de cette hypothèse, nous nous référons à Bachelard qui la développe dans *Le rationalisme appliqué* (1949) en s'appuyant sur ce qu'il appelle la «belle leçon de Georges Bouligand». Pour en finir d'abord avec l'idée selon laquelle le carré impose la démonstration du théorème, Bachelard prouve, figures à l'appui, que le théorème de Pythagore «vaut pour tous les polygones réguliers» (Bachelard, 1949: 93). En faisant ainsi de l'exemple classique du carré un cas particulier et en passant successivement de celui-ci «aux polygones réguliers, des polygones réguliers aux figures semblables», Bachelard tire la conclusion évidente que le théorème de Pythagore a «une valeur philosophique considérable» dès lors qu'il «commande les aspects les plus profonds de la géométrie euclidienne» (*ibid.*: 93-94).

Après avoir banalisé le triangle rectangle en ce qui concerne son rôle soit disant fondateur de la pythagoricité, Bachelard, nous prouve que la pythagoricité est intrinsèque au triangle rectangle. Pour ce faire, il n'y a plus besoin de quelque figure que ce soit à l'extérieur du seul triangle rectangle, dans son cas quelconque, car la réponse se trouve à l'intérieur. La conclusion de l'hypothèse de Bachelard trouve en quelque sorte que si la pythagoricité est intrinsèque au triangle rectangle, elle l'est d'abord à cause de l'orthogonalité. Pour ce qui est de l'hypoténuse, il conseille en effet de ne pas se perdre «dans le noir fouillis des diagonales» (*ibid.*: 97). Le triangle rectangle sort particulièrement grandi par ce type d'hypothèse.

La deuxième façon d'interpréter la raison profonde de la pythagoricité est celle qui met en avant le rôle du carré, plus exactement de trois carrés qui délimitent toujours un triangle rectangle par coïncidence sommitale réciproque de leurs côtés. Cette hypothèse n'est que la lecture directe du théorème de Pythagore comme la pédagogie mathématique nous l'enseigne traditionnellement. Elle conduit à la conclusion que le triangle ainsi formé, vide de tout contenu qui lui soit propre, emprunte de l'extérieur les grandeurs numériques de ses côtés – et par conséquent leurs relations réciproques – auprès des grandeurs numériques des carrés associés après que ces dernières aient subi une linéarisation, une purge par radicalisation de leur dimension aréale.

Ainsi, si la surface du grand carré a^2 est égale à la somme des carrés des deux autres carrés plus petits $b^2 + c^2$, c'est-à-dire $a^2 = b^2 + c^2$ ou, reprenant des valeurs numériques, $5^2 = 3^2 + 4^2$ soit $25 = 9 + 16$, alors les longueurs des trois côtés du triangle rectangle résultent simplement de la radicalisation des valeurs de cette dernière formule. Les grandeurs numériques des côtés du triangle rectangle ne seront donc que celles des côtés des carrés, à savoir b = 3 et c = 4. La pythagoricité ainsi interprétée laisse entendre que le carré était d'abord triangle!

Le choix des trois nombres 3, 4 et 5 n'a pas été pris au hasard, car ils représentent le premier triplet pythagorique, c'est-à-dire le premier triplet de nombres entiers satisfaisant à la relation $a^2 = b^2 + c^2$ qui peuvent être les mesures des côtés du triangle rectangle.

Après avoir suivi le développement de Bachelard de la pythagoricité intrinsèque du triangle rectangle, on voit bien que cette deuxième hypothèse lui est opposée.

La troisième façon d'interpréter la pythagoricité s'emploie à démontrer que ce n'est pas le triangle rectangle lui-même qui sécrète de l'intérieur, ni le carré qui infère de l'extérieur, mais bien la diagonale, leur interface active, qui depuis sa position du milieu, médiatrice, organise la pythagoricité. Elle crée tant le triangle que le carré. Ainsi, au début était la diagonale!

Celui qui, pour la première fois, a envisagé la diagonale comme la forme géométrique la plus pure est Platon à propos du dialogue que Socrate avait eu avec Ménon au sujet, justement, de la théorie de Pythagore (Serres, 1968: 88). L'apologie de la diagonale, car s'en est une, immortalisée par le dialogue entre Socrate et Ménon, nous est rendu remarquablement par Brunschvicg (1972: 48-49). En bref, le dialogue en question raconte comment Ménon, qui s'entretenait comme d'habitude avec Socrate de diverses choses, se trouve à un moment donné incapable de résoudre un des problèmes parmi les plus simple qui soit, à savoir comment obtenir un carré dont la surface est double de celle d'un carré donné de deux pieds. Puisque cela consistait à déterminer la longueur d'un côté du carré qui serait double d'un autre, le problème posé n'est autre chose que celui du théorème de Pythagore, exprimé différemment. Pour faire sortir Ménon de l'impasse et pour prouver sa thèse sur la réminiscence, méthode d'apprentissage mathématique, le philosophe fait intervenir un esclave auquel il explique simplement le problème et lequel se sent capable de trouver la véritable solution comme si celle-ci était déjà dans sa tête depuis toujours et n'attendait que le moment de se souvenir d'elle pour se révéler dans toute sa pureté! C'est en suivant la démarche de l'esclave pour résoudre le problème que nous arrivons à la diagonale et cela tellement naturellement qu'on aurait dû le savoir depuis le début. Il fallait seulement se rappeler!

On est donc en droit de considérer que dans la diagonale, on trouve intériorisée toute la problématique épistémologique du théorème de Pythagore, telle que défini par Bachelard, on l'a vu, mais aussi la possibilité que celle-ci puisse s'étendre vraiment à tout espace euclidien. Si l'on s'imagine en effet la figure prenant des dimensions de plus en plus grandes, on obtiendra un immense champ carré ayant comme forme élémentaire du pavage, le triangle rectangle isocèle, lequel tire toute sa logique d'agencement et ses lignes de force, dans une perspective fonctionnelle, de sa diagonalisation intrinsèque. Sortie de son isolationnisme, la pythagoricité intrinsèque du triangle rectangle devient extrinsèque par les relais que lui assure la diagonale. Ainsi de diagonale en diagonale, l'espace euclidien double chaque fois de surface, fonctionne, s'ordonne et se hiérarchise par emboîtement. De plus en plus relationnel, opérationnel, cet espace devenu vaste réseau peut supporter les déformations véritables de la fonctionnalité, tout en gardant la structure d'ensemble grâce à l'élasticité diagonale. Mais la diagonale du triangle rectangle isocèle la plus équilibrée dans son fonctionnement, car dépositaire de la relation maîtresse de la pythagoricité pourtant si facile à tracer, si nettement déterminée dans l'espace, n'a pas été, comme grandeur, sans poser des problèmes pour son identité: elle ne comporte aucune mesure exacte «aucun nombre défini» (Brunschvicg, 1937: 22). Elle est irrationnelle.

Si, en effet, on prend le cas du triangle rectangle isocèle le plus simple ayant pour côté l'unité, alors son hypoténuse (diagonale) est irrationnelle car $\sqrt{2}$ et sa valeur *pi* 1,4142... continue sans fin. Cela est vrai de toute diagonale de triangle rectangle isocèle quelle que soit la longueur de ses côtés. Cette «découverte scandaleuse», comme la dénomme Brunschvicg, a ébranlé les Grecs de l'Antiquité, imprégnés d'une philosophie pythagoricienne qui postule la commensurabilité des grandeurs des nombres. «Vu comme un scandale inexplicable, l'œuvre d'une malice diabolique, dans la plus belle de leur découverte, ce qui attestait le mieux la portée de leur méthode incorruptible et irréprochable» (Brunschvicg, 1937: 23). Il y a même eu une période où les Grecs ont essayé de tenir secrète l'incommensurabilité des nombres, leur irrationalité, pour se défendre contre la contamination de l'impur. Mais la crise de la diagonale «irrationnelle» a été aussi et surtout une expérience enrichissante pour les mathématiques. Mise au cachot simplement par le fait d'être une relation avant d'être une grandeur, la diagonale va refaire surface encore agrandie, car elle sera promue beaucoup plus haut sur l'échelle de la fonctionnalité. De simple relation, elle devient fonction. Dorénavant sa grandeur, au propre et au figuré, sera sa *fonction*.

La fonction: les coordonnées cartésiennes

La crise du nombre comme grandeur, qui s'installe dans le monde grec à cause de l'incommensurabilité du côté à la diagonale du carré, a fait naître une autre conception du nombre, tout à fait nouvelle car émancipée complètement de grandeur: la *fonction*.

La victoire de la notion de fonction est un long processus qui s'amorce déjà avec Eudoxe de Cnide (408-353 avant J.C.) et qui continue en s'accentuant entre autres avec Nicolas Oresme (1325-1382) qui en avait déjà une idée assez claire[51]. Mais

> l'évènement décisif s'est produit en 1591 quand Viète a introduit la notion symbolique à la place de la notation numérique. Par ce moyen, le nombre, conçu comme une grandeur discrète, a été relégué au second plan, tandis que naissait le concept si utile de ‹variable›, concept qui aux yeux d'un mathématicien grec aurait eu aussi peu de réalité qu'une hallucination. En effet, contrairement au nombre qui désigne une grandeur concrète, une variable n'a pas par elle-même de signification; une variable ne prend un sens que dans sa relation à une autre. Grâce à l'introduction des variables, on donnait une dimension neuve à l'information et les nouvelles mathématiques se constituaient. La relation entre des variables [...] fonde le concept de fonction (Watzlawick, 1972: 19).

A son tour la fonction, en l'occurrence l'équation qui l'exprime, est ainsi un nombre pour autant qu'on la conserve toute entière comme unité.

Dans son abrégé de mathématiques, Geller (1979) nous explique plus précisément qu'en mathématique la notion de fonction «exprime qu'entre deux grandeurs susceptibles de varier, il existe une relation telle que la connaissance de l'une permet de calculer l'autre» (*ibid.*: 7). Si par exemple une grandeur variable Y dépend d'une autre grandeur variable X on pourra dire que la première est variable dépendante de la deuxième; la relation formée entre les deux $Y = f(X)$ porte le nom de fonction et exprime plus précisément que Y est une fonction de X. Mais pour que cette relation entre les deux variables soit exprimée de façon intuitive (sous la forme graphique par exemple d'une ligne droite ou d'une courbe), on fait appel à un système formé par deux axes orthogonaux définissant un système de coordonnées dans le plan cartésien. Ce système appartient à la géométrie analytique et permet d'exprimer géométriquement une relation entre deux grandeurs variables; autrement dit, de représenter algébriquement l'espace à l'aide des coordonnées géométri-

---

51 *Encyclopédie thématique Weber* (1972), Vol. 6.

ques. Comme la notion de fonction avec laquelle elles forment un couple indispensable, les coordonnées rectangulaires ont été depuis très longtemps appréhendées, du moins intuitivement, comme un instrument nécessaire si l'on veut trouver la position en plan d'un point à l'aide de distances par deux axes fixes perpendiculaires. Si les anciens Egyptiens «avaient déjà une idée vague et intuitive sur les coordonnées, il est indéniable qu'Archimède (287-212 avant J.C.) et Appolonius de Perga (IIIe siècle avant J.C.) en avaient déjà une idée assez claire» (Coxeter, 1969: 108). Mais ils n'étaient pas les seuls car

> Dicéarque (350-285 avant J.C.) disciple d'Aristote, avait imaginé, pour construire une carte du monde, d'y tracer deux axes rectangulaires divisés en stades dont l'un partageait la carte en deux dans le sens de la longueur et reçu le nom de diaphragme; il passait par Rhodes et correspond au 36° latitude Nord. L'autre passant également par Rhodes, était perpendiculaire au premier. Au moyen de ces coordonnées, il fut possible de localiser les points connus par leur latitude, ou par leur distance et leur orientation à des points déjà déterminés. (Clozier, 1972: 21-22).

Son système a été utilisé plus tard par Eratosthène (275-195 avant J.C.) pour mettre en place ses sphragides, un autre système de coordination terrestre, mais surtout par Hipparque de Nicée (IIe siècle avant J.C.) qui le premier imagine le système de coordonnées géographiques tel qu'on l'utilise encore aujourd'hui.

Le système des coordonnées géographiques, permettant de bien localiser les points se trouvant sur la surface de la sphère terrestre, n'est cependant pas un système de coordonnées dans le sens moderne que lui donne l'algèbre géométrique. Aussi, pour trouver le premier système de coordonnées faut-il probablement s'arrêter encore une fois chez Nicolas Oresme car son

> ‹Tractatus de latitudinibus fermarum› […] enseigne à représenter les variations de quelque grandeur que se soit en transportant sur une surface plane les lignes de repères (n.n. les coordonnées rectangulaires) qui avaient été jusque là tracées sur une sphère. Les degrés du phénomène naturel se figurent par l'ordonnée et constituent aussi ce que Nicolas Oresme appelle ‹latitude de la forme›; ‹la longitude›, c'est-à-dire la ligne des abscisses figure les temps correspondants. La courbe déterminée par les points d'intersection est le graphique des variations

d'intensité que le phénomène a subies en fonction du temps (Brunschvicg, 1972: 103).

Plus exactement Nicolas Oresme est le premier qui utilise pour nommer les deux axes le terme d'ordonnée en ajoutant simplement que l'un est l'ordonnée longitudinale et l'autre l'ordonnée latitudinale (Duhem, 1956).

Notons que c'est là la première fois que le triangle rectangle, avec ses deux côtés, devient un système de deux ordonnées à grandeurs variables pour décrire des phénomènes autres que spatiaux. Le champ spatial du triangle se transforme en champ fonctionnel épistémologique ouvert à toutes les grandeurs variables possibles, lesquelles s'y arrangent conformément aux relations réciproques. Ce sont ces relations exprimées sous une forme graphique, géométrique, que fermera le champ triangulaire fonctionnel. Cette fermeture rappellera, à bien des égards, la diagonale (l'hypoténuse) du triangle.

C'est seulement après que les Français Fermat (1601-1665) et surtout Descartes (1596-1650) perfectionnent ce système tout en donnant aux deux axes uniquement des valeurs positives. L'idée de prolonger les deux axes dans le sens négatif, qui mène au système rectangulaire à quatre quadrants que l'on connaît si bien aujourd'hui, appartient à Newton (1642-1725). Enfin, le premier qui appelle ces axes *coordonnées* est Leibniz (1646-1716) qui inventa aussi le nom d'*abscisse* et probablement d'*ordonnée*, bien que certains attribuent à Blaise Pascal (1623-1662) la première utilisation du terme (Baruk, 1992: 267; Coxeter, 1969: 108). Cette géométrie est devenue une pensée banale de repérage, que ce soit pour la représentation des cartes géographiques avec échelle, ou des graphiques[52].

Au terme de ce bref aperçu historique qui s'avère plus important qu'on pourrait le croire, on peut revenir aux coordonnées, afin de les examiner de plus près. Ce système de coordonnées n'est autre chose qu'un pavage de carrés, un carroyage rectangulaire, extensible à souhait et ordonné à l'aide des axes de références. Il s'exprime sous la forme

---

52 On peut approfondir la question du repère, héritage de Descartes, dans les *Actes du colloque commémoratif du quatrième centenaire de Descartes* (Radelet-de-Grave, Stoffel, 1996).

d'un plan divisé en quatre quadrants par deux droites perpendiculaires se coupant au point O (fig. 35).

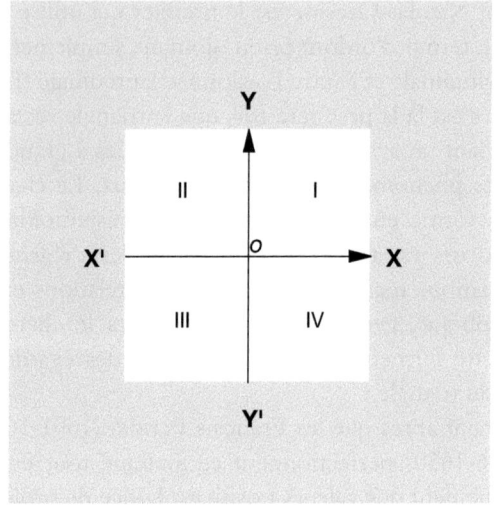

Figure 35: Les quadrants du système des coordonnées

On reconnaîtra tous que la droite horizontale X'OX est *l'axe des abscisses*, tandis que la droite verticale Y'OY est *l'axe des ordonnées*. Les deux constituent les axes de coordonnées dont le point O est l'origine, le point zéro, qui sépare les valeurs numériques positives des valeurs négatives. Les distances algébriques perpendiculaires aux axes, pour un point donné en *abscisse* (X) et en *ordonnée* (Y) forment ensemble les *coordonnées* de ce point.

Le point P a les coordonnées positives (x, y) (fig. 36). Celles-ci expriment le fait qu'à la valeur x sur l'axe X correspond la valeur y sur l'axe Y. C'est justement la solution à la fonction $y = f(x)$. La figure nous montre clairement que nous avons choisi une échelle telle que $y = x$. Nous l'avons fait volontairement, car aborder les fonctions sous leur forme la plus simple est la meilleure façon de saisir leur filiation avec la logique diagonale du triangle rectangle isocèle ou encore du carré.

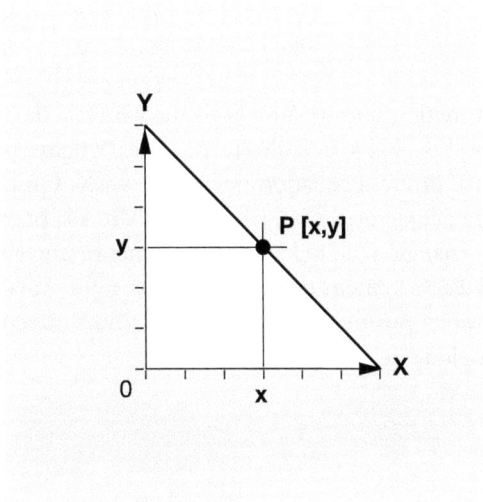

Figure 36: Point P de coordonnées X-Y

Imaginons maintenant (fig. 37) que les coordonnées x et y du point P peuvent prendre réciproquement d'autres valeurs car faisant partie d'une série de variables:

x	0	1	2	3	4	5	6	7	8	9	10
y	10	9	8	7	6	5	4	3	2	1	0

Les deux séries de grandeurs variables, en parfaite relation inverse (compétitive), sont sur une droite qui rappelle la diagonale du triangle rectangle isocèle. La fonction linéaire de cette droite qui va permettre de la déterminer complètement aura la forme générale $Y = a - bX$ dans laquelle Y et X sont des variables, tandis que a et b sont les paramètres d'ajustement de l'équation, à savoir l'intersection avec l'axe OY (a) et la pente de la droite (b). Connaissant l'intersection et la pente, notre droite est complètement déterminée par l'équation: $y = 10 - 1x$. Typique de toute fonction linéaire liant des variables en opposition, cette droite parle le langage logique de la *diagonale* (fig. 37).

Il se peut d'autre part que les variables soient en parfaite relation fonctionnelle directe (mutualiste):

147

x	0	1	2	3	4	5	6	7	8	9	10
y	0	1	2	3	4	5	6	7	8	9	10

Dans ce cas, la fonction linéaire aura la forme générale de $Y = a + bX$ ou plus simplement $Y = bX$ car la droite passe à l'origine puisque $a = 0$. Appliquée à notre droite, l'équation devient $Y = 1X$. On constatera tout de suite que cette deuxième droite, perpendiculaire à la première, rappelle la bissectrice du triangle rectangle isocèle ou encore une autre diagonale, celle qui mène à l'achèvement du carré. Elle est représentative pour tous les types de relations positives, symétriques, a priori ouvertes et qui parlent le langage logique de la bissectrice (fig. 37).

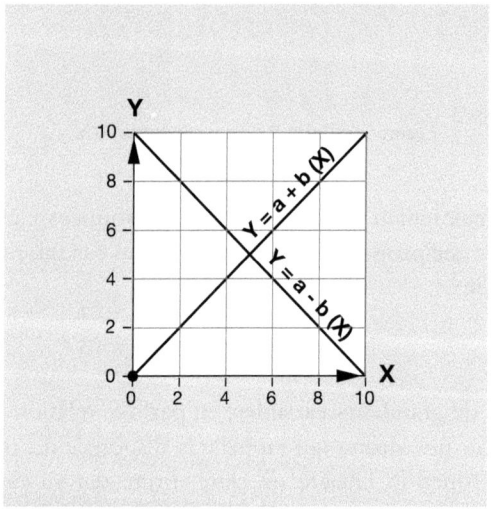

Figure 37: Fonctions linéaires directe (bissectrice) et inverse (diagonale)

Ainsi, sous une forme tout à fait fonctionnelle, on voit se refaire le carré autour de ses deux diagonales, chacune exprimant une logique propre et contraire à l'autre. Il schématise trop il est vrai, mais assez bien tout de même, les deux grands types de fonctions s'organisant autour de la diagonale ou autour de la bissectrice.

Les deux séries de fonctions types suivantes (fig. 38) représentant l'expression de leur plus simple schématisation qualitative n'ont pas d'égal quant à leur utilité pour appréhender toutes sortes d'évènements.

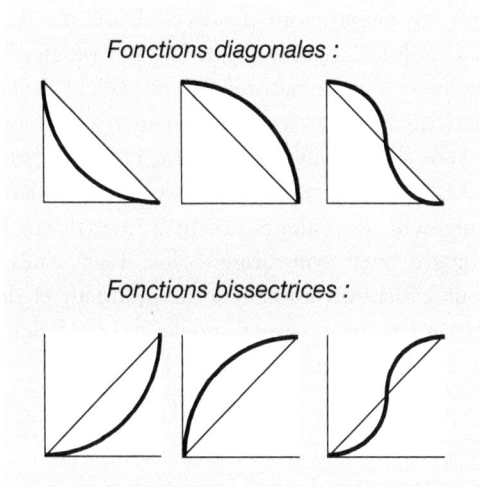

Figure 38: Fonctions diagonales et fonctions bissectrices

La première série est en effet l'expression de la logique diagonale (inverse) tandis que la deuxième est l'expression de la logique bissectrice (directe). Voilà ainsi resurgir, en plein milieu de coordonnées rectangulaires, les deux grands axes logiques.

Le but est en quelque sorte atteint malgré le prix d'une réduction peut-être exagérée de la problématique fonctionnelle des coordonnées rectangulaires. Tout ce qui a été dit est basé sur des variables positives qui n'apparaissent en fait que dans un des quadrants. Les autres variables mélangées de valeurs négatives et positives ou encore exclusivement négatives, ont été négligées. Nous en avons conscience. Nous avons cependant noté, en parlant du carré logique, que les mathématiques peuvent être considérées comme un domaine épistémologique, ou simplement logique, privilégié: il respecte la liberté d'expression où le champ des possibles peut se déployer dans toutes les directions sans contrainte.

Dès lors, les nombres négatifs introduits par Newton et la création de quatre quadrants embrassant tout l'horizon représentent un enrichissement normal et incontestable des mathématiques. La logique ternaire par contre ne se manifeste pas dans toutes les directions du champ cartésien, mais plutôt là où les valeurs sont positives. Dans ces cas alors, le quadrant I suffit. La biologie, la sociologie, la psychologie, l'économie[53], la géographie et même la logique naturelle ne travaillent d'ailleurs pour ainsi dire pratiquement qu'avec des variables positives, les seules auxquelles on peut donner sens. En ce qui les concerne, et pour rester dans le cadre qui nous intéresse, les deux axes cartésiens originaires dans le point zéro et déployant seulement des valeurs positives, actualisent le champ épistémologique ternaire avec son origine, les deux côtés rectangulaires (transformés pour l'occasion en échelle de grandeur et de référence) et largement ouverts à l'aventure fonctionnelle qui va étaler entre les deux son jeu de cache-cache avec la diagonale et la bissectrice.

La corrélation

Après la *relation* et la *fonction*, la troisième notion mathématique de base (plutôt statistique d'ailleurs) qui s'inspire du modèle ternaire est la *corrélation*. Comme la fonction, la corrélation est aussi une mesure des variations réciproques de deux grandeurs, mais les deux ne se confondent pas. La différence nous est très bien rendue encore une fois par Geller, dans son abrégé de statistique, ainsi:

> [...] la ‹notion de fonction› traduit, on le sait, la relation entre les variations de deux grandeurs, relation qui est caractérisée par sa courbe représentative: $y = f(x)$. Dans ce cas, à une valeur donnée de la variable indépendante x correspond une valeur et une seule de la variable dépendante y, que la relation $y = f(x)$ permet précisément de calculer. / Cette relation étant établie, la connaissance d'une des grandeurs suffit alors pour déterminer ‹complètement› la valeur correspondante de l'autre. Ce type de relation, dit ‹relation fonctionnelle›, est celui qu'on rencontre dans les sciences dites ‹exactes› (Geller, 1979: 146).

53 «En économie, on a presque exclusivement affaire au premier quadrant parce que la plupart du temps, les valeurs négatives des grandeurs qui y interviennent sont dépourvues de sens» (Lisman, 1972: 120).

Mais en réalité la relation entre les variations de deux grandeurs n'est jamais aussi stricte que dans une fonction mathématique. Le plus fréquemment cité est l'exemple de la liaison entre le poids et la taille des humains: tout en sachant que cette relation existe d'une façon générale, on sait qu'elle ne s'appliquera pas strictement à chaque individu. On aura toujours aussi bien des gens d'une même taille et de poids différent qu'inversement. A cause des fluctuations statistiques, à une valeur donnée d'une des variables correspondent non pas une seule mais toute une distribution de valeurs de l'autre variable.

> Il ne saurait donc être question de dire que le poids est une ‹fonction› de la taille au sens mathématique de ce terme, ou inversement. Cependant, l'on sent très bien, intuitivement, que si l'on étudie cette population, on trouvera que, ‹dans l'ensemble›, les poids les plus importants seront associés aux tailles les plus élevées. Il y a donc tout de même une dépendance, ‹une certaine relation› entre les deux grandeurs, mais elle est plus lâche, moins rigide, que la relation fonctionnelle proprement dite. Cette relation d'une nature particulière constitue ‹la corrélation statistique› qui joue un rôle important dans les sciences de la vie […] (*ibid*.: 147).

Pour exprimer ce type de relation statistique il faut, comme c'est le cas pour la notion de fonction, recourir au système des axes rectangulaires sur lequel on va placer tous les couples de valeurs correspondant aux variables considérées. Le graphique qui en résulte, nous montre l'ensemble des points sous la forme d'un nuage de dispersion. Déjà, nous avons la possibilité de faire sur ce diagramme une première appréciation qualitative de la notion de corrélation qui plus est confirmera le rôle de la diagonalisation et de la «bisectrisation» comme seules alternatives référentielles. Tout statisticien peut souligner qu'en effet «[…] s'il existe une corrélation telle que, par exemple, les poids les plus importants soient associés aux tailles les plus élevées, le nuage de points aura une forme allongée oblique en haut et à droite […]» (*ibid*.: 147) (fig. 39).

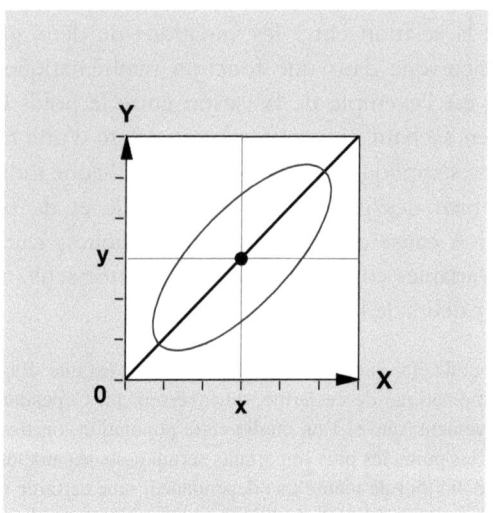

Figure 39: La corrélation positive (directe)

Si l'on étudiait une corrélation entre deux grandeurs telles qu'aux plus grandes valeurs de l'une correspondent les plus petites valeurs de l'autre, on trouverait encore un nuage de points analogue mais dirigé en bas et à droite [...] (n.n. fig. 40). La corrélation est dite alors ‹négative› ou ‹inverse›, au lieu de ‹positive› ou ‹directe›, dans le cas précédent (*ibid.*; 147).

En revanche, si l'on étudiait deux grandeurs dont les variations ne s'influencent pas mutuellement, par exemple la taille et le taux de glycémie, aux valeurs élevées de l'une, par exemple la taille, pourraient correspondre aussi bien des valeurs fortes que des valeurs faibles de l'autre: le nuage de points ne serait donc plus orienté, mais diffus et réparti au hasard sur l'ensemble du plan (n.n. fig. 41). Dans ce cas, il n'y a pas corrélation, mais indépendance des caractères étudiés: la connaissance d'une grandeur n'apporte alors aucune information sur l'autre. (*ibid.*: 148)

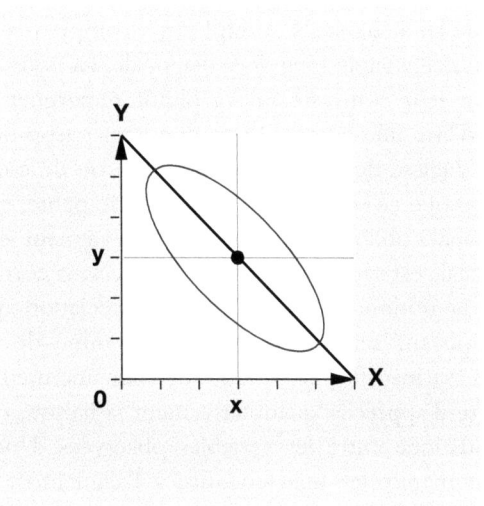

Figure 40: La corrélation négative (inverse)

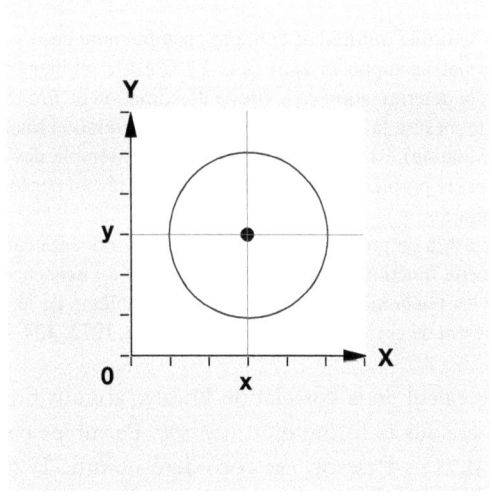

Figure 41: Absence de corrélation (indépendance)

On voit bien que les deux seuls exemples qui comptent s'étalent soit au long de la bissectrice, soit au long de la diagonale. Et pour une fois, avant de faire ressortir leur contraste on va plutôt remarquer leur caractère commun: celui d'être une pente. On ne dira jamais trop que toute fonctionnalité, qu'il s'agisse de relation, de fonction ou de corrélation, dans quelque domaine que ce soit, est une question de pente, et par là même de logique diagonale oblique! Tout ce qui est seulement «horizontal» ou seulement «vertical» est sans importance, puisque sans corrélation.

Revenant à la notion de corrélation, l'appréciation qu'on peut lui donner en s'appuyant seulement sur le diagramme de dispersion du nuage de points est insuffisante. Il faut chercher une méthode plus précise qui permette d'apprécier quantitativement la liaison, en mesurant la dépendance statistique entre les variables observées. Une fois que les points semblent manifester une tendance à l'alignement ascendant ou descendant, donc si on peut logiquement soupçonner l'existence d'une liaison statistique (mais évidemment pas forcément causale, c'est une tout autre question), le chercheur est en droit de se poser trois problèmes dont la solution va être extrêmement féconde pour la suite de sa quête:

> 1. Quelle est la droite qui traduit le mieux, compte tenu de ‹l'ensemble› des observations, la liaison supposée entre X et Y? C'est le problème de l'ajustement, consistant en la détermination de la droite d'estimation ou droite de ‹régression›;
> 2. Dans quelle mesure la droite ainsi trouvée (ou la relation linéaire entre X et Y qui est son équation) est-elle représentative de l'ensemble des observations effectuées? C'est le problème du degré de la liaison, résolu par le calcul du cœfficient de corrélation;
> 3. Enfin, et c'est là un problème essentiel, quoique souvent négligé, que peut-on conclure de cette fonction et de ce cœfficient quant à l'existence effective d'une liaison entre les phénomènes Y et X? C'est le problème de la valeur significative du cœfficient de corrélation (Racine, Reymond, 1973: 134-135).

La procédure de calcul de la corrélation linéaire aboutit finalement à une mesure de celle-ci sous la forme d'un *cœfficient*. Parmi les cœfficients possibles, celui de Bravais-Pearson est considéré comme la mesure la plus générale. Le cœfficient de corrélation r de Bravais-Pearson caractérise le degré et le «sens» (liaison positive ou négative) de la liaison linéaire existant entre les deux variables Y et X. Sa valeur comporte un champ de

variation compris entre +1 et –1 qui met en place le modèle ternaire suivant:
- quand le cœfficient de corrélation r=+1, la liaison linéaire entre les deux variables Y et X est parfaite et positive car la croissance d'une variable se traduit par la croissance proportionnelle de l'autre. «Ainsi, sur un quadrant où les axes X et Y se croisent aux valeurs moyennes (zéro) des distributions standardisées, la droite d'estimation d'une corrélation de +1 est la bissectrice de l'angle des axes de coordonnées, l'angle de la droite avec les axes étant de 45°.» (*ibid.*: 139). Ce type de corrélation positive n'est concernée pour nous que par la *pente*. En partant de 0, l'origine, la droite de cette corrélation «montante» peut continuer sans aucune limite a priori. Elle a l'air de monter de l'origine vers un certain but/destination que sa direction même pointe. En cela, et au-delà du cas statistique restreint, elle est l'expression archétypale du modèle logique évolutif, cher à la dialectique et au progrès!
- quand le cœfficient de corrélation r=–1, la liaison entre les deux variables Y et X est parfaite et négative car, cette fois, la croissance d'une variable se traduit par la décroissance proportionnelle de l'autre. La droite d'estimation d'une telle corrélation n'est pas la bissectrice mais la diagonale (c'est-à-dire l'hypoténuse du triangle rectangle ayant comme côté les axes même du système de coordonnées). L'angle de la droite avec les axes est de 45° mais dans l'autre sens par rapport au premier cas. Pour analyser ce type de corrélation on doit tenir compte non seulement de *la pente*, comme cela était le cas pour la corrélation positive, mais aussi de *l'intersection*. Appuyée ainsi par ses extrémités sur les deux axes, la droite de la corrélation négative est en quelque sorte fermée. C'est justement comme fermeture diagonale du triangle rectangle isocèle que la corrélation négative, expression du modèle logique structurel, débouche fonctionnellement sur le systémique et le vivant, ouverts ici et maintenant!
- quand enfin le cœfficient de corrélation r=0, cela signifie qu'entre les deux variables Y et X, il n'y a aucune liaison. Les deux varia-

bles sont ainsi complètement indépendantes l'une de l'autre. Ce cas évidemment n'a aucune signification corrélative.

Par contre, entre les deux liaisons linéaires parfaites, rigides et extrêmes, qui sont r=+1 et r=−1, il existe une infinité de cas intermédiaires plus ou moins forts dans un sens ou dans l'autre. Ce sont d'ailleurs ces cas qui constituent presque exclusivement les exemples que nous fournit l'étude du réel. Sans évidemment sous-estimer ces cas intermédiaires, remarquons simplement que les liaisons parfaites positives et négatives représentent le référentiel épistémologique qui permet de les évaluer et de les interpréter, bref de leur donner sens! Ainsi chaque cœfficient de corrélation positive fait partie de la famille logique bissectrice de même que chaque cœfficient de corrélation négative fait partie de la famille logique diagonale.

Cette très brève présentation de la notion de corrélation sous sa forme la plus simple, bivariée, ne doit pas nous faire oublier son rôle dans la description multivariée, celle qui engage plusieurs variables en liaisons réciproques deux à deux. Elle en est la base. Ce n'est qu'une fois obtenu tous les cœfficients de corrélation simple reliant deux à deux chacune des variables en cause qu'on peut ensuite

> les disposer dans une matrice d'ordre m x m (variables x variables), matrice évidemment symétrique, dont la diagonale, exprimant la corrélation de chaque variable avec elle-même, est remplie de valeurs égales à l'unité. Cette matrice est déjà un résultat éminemment appréciable […] et représente de toute façon, même pour celui qui n'a pas l'ambition ou les moyens de continuer plus en avant l'analyse au niveau multivarié, le point de départ de sa véritable réflexion […] (Racine, Reymond, 1973: 139),

tout en se gardant d'en abuser car la corrélation n'est pas une «méthode magique» (Gould, 1983: 300).
Néanmoins on ne peut qu'acquiescer avec Michel Serres (1968) à propos de ce type de matrice carrée qu'elle a «des déterminants dont les diagonales sont parfois remarquables» (*ibid.*: 88).

En conclusion de ce bref détour par les mathématiques, affirmant que malgré leur extrême diversité et le peu de connaissances que nous en avons, une approche à travers un modèle ternaire qui met explicitement en avant le terme moyen, diagonal, permet de donner une charpente à notre pratique, même si celle-ci reste limitée. Est-ce peut-être parce qu'ici comme ailleurs une nécessité logique inéluctable fait que

> les choses les plus évidentes et les plus faciles ne sont pas celles qui, dans les mathématiques, se présentent logiquement au début, ce sont celles qui, au point de vue de la logique déductive, se présentent vers le milieu. De même que les corps les plus facilement à voir sont ceux qui ne sont ni trop loin ni trop près, ni trop petits ni trop grands, de même les conceptions les plus faciles à saisir sont celles qui sont ni très compliquées ni trop simples [...] (Russell, 1970: 12).

Cet éloge de la position logique du *milieu* n'est-il pas aussi celui des diagonales, et surtout de la diagonale inverse, c'est-à-dire de l'hypoténuse du triangle rectangle, «toujours entre les deux» ? Nous pensons que oui. Mais parce que Russell, trop logicien pour qu'il soit intuitif, ne nous fournit pas la moindre triangulation, la moindre diagonalisation logique qui puisse réconforter cette position du milieu, nous allons chercher du côté de Michel Serres qui nous donne, en effet, un magnifique aperçu de ce que les mathématiques ont été depuis toujours: une «aventure de la diagonale».

> Et, donc, il était une fois le carré de Pythagore, blason mythique portant en sautoir les diagonales du Pont aux Ânes. Vint le carré de la crise et sa diagonale irrationnelle, naufrage dans l'absurde. Euclide le conçut à nouveau dans un univers cohérent. Il y eut les carrés d'Archimède, ceux des quadratures, et le carré imaginatif de ceux qui rêvaient d'en recouvrir le cercle. En ordonnant le plan à des axes de références, Descartes le pavait d'un réseau de parallélogrammes qui, très vite, se transforma en pavage de carrés. Dans le même temps, Arnauld, Pascal et d'autres disposaient des carrés arithmétiques, magiques, magico-magiques, bientôt sataniques. Le vieux carré logique de la logique mineure réapparaît avec Leibniz, qui répartit les concepts selon cette forme, indéfiniment itérée, nouveau modèle de la dichotomie. Bientôt, l'algèbre va connaître les déterminants carrés dont les diagonales sont parfois remarquables; elle va manipuler des matrices, parfois carrées. Le calcul des probabilités ne peut plus se passer des carrés latins. Vint un jour où la diagonale redevint, en géométrie, ce qu'elle n'aurait jamais dû cesser d'être, un vecteur. La déjà ancienne topologie combinatoire à un cercle, à une ellipse, à toute courbe fermée. Les méthodes de Cantor aboutissaient à attribuer à l'ensemble des points sur le segment (0, 1). Dans le

même temps, la diagonalisation devenait une méthode classique en géométrie algébrique, en topologie algébrique, voire en théorie des ensembles. Et désormais, diagonale et carré sont des schémas au sens de la nouvelle algèbre ou des graphes, au sens de la théorie des graphes (Serres, 1968: 88).

Finalement en appeler au ternaire «n'ajoute rien» nous dit bien à propos Georges Lerbet. Et il a raison, tout en précisant:

> Qu'on m'entende bien. Quand j'en appelle au ternaire, je n'ajoute rien. Je creuse simplement un espace entre des pôles dont je fais des témoins et des limites dont je ne saurais ni me départir ni me préoccuper. Ce troisième terme, ce tiers que je n'exclus pas, n'est ni après ni à côté, mais bien entre-deux. Et je considère que mon investissement s'apparente à celui de Lupasco quand il avance l'idée de la matière-énergie III (n.n. microphysique-neuropsychique). C'est ce que des topologistes définiraient comme celui d'un intervalle ouvert. C'est-à-dire cet intervalle qu'on pose comme continu entre deux bornes mais qui exclut ces bornes réputées inaccessibles de ce point de vue. Et ce point de vue constitue ce que j'appelle la science de l'entre-deux (Lerbet, 1988: 199).

C'est une démarche qui tient bien d'une «science de l'entre-deux» à la recherche de l'intervalle qui permettra de déchiffrer l'opposition de termes contraires et faire résonner leur fonction corrélative. Le moyen terme participe de deux contraires en même temps et devient une condition du transfert opéré de l'un à l'autre, par le passage obligé de la voie oblique, dans un mouvement perpétuel qui les lie à distance. Il est la clé de voûte de la logique ternaire et à ce titre organisateur épistémologique. La diversité des triades est telle qu'aucun domaine du discours ne peut en faire l'économie, même pas celui de la logique binaire elle-même qui a besoin de trois principes fondamentaux pour fonder sa validité: la non-contradiction, l'identité, le tiers exclu. D'ailleurs le troisième principe fondamental du tiers exclu contenant implicitement le «tiers secrètement inclus» des concepts contradictoires (Nicolescu, 1994: 245-267) nous a permis de dévoiler comment la logique binaire devint véritable logique ternaire du *tiers ouvertement inclus* des concepts contraires.

Chapitre 8

Entre transparence et miroitement, la transfiguration cartographique

> «Que doit être, et comment doit être élaborée la représentation géographique pour que l'être humain puisse y *sentir*, pour ainsi dire, la richesse et la grandeur de son monde?»
>
> Jean-Marc Besse, *Face au monde*, 2003: 10.

Pour conclure on prend appui sur la carte géographique[54], cas particulier d'image, dont la plus expressive des triades conceptuelles *transparence/miroitement/diaphane* fonde sa logique ternaire (Cosinschi, 2003). Des tablettes babyloniennes aux images virtuelles de nos écrans cathodiques, nos représentations cartographiques sont des mémoires et des traceurs de savoirs. Représentations précises d'une réalité telle que nous imaginons la connaître ou vision onirique du monde, les cartes oscillent entre ces deux extrêmes et quelles que soient leurs formes, elles enregistrent les préoccupations géographiques d'une époque et d'une société. Elles enregistrent la conception du monde et du réel, les limites des connaissances comme celles des techniques de figuration. Elles sont bien «médium de communication où le visible dit un intelligible que le langage ne saurait verbaliser» (Jacob, Théry, 1987-1988: 68-70). Leur lecture est comme une prise de possession de tout ce que l'esprit ajoute à l'œil. Comme l'ont souligné justement Christian Jacob et Hervé Théry, la carte géographique, comme toute «médiation entre le monde et notre intellect», trouve les conditions de son efficacité dans une certaine forme de

---

54 Spécifiquement on se réfère à une carte «thématique» résumant un contenu généralement invisible sur le terrain et exprimé avant tout par la pertinence d'une légende-hiérarchie et non à une carte «topographique» résumant un contenu généralement visible sur le terrain où la précision de l'échelle-ordre sera capitale.

transparence en ce qu'elle n'arrête pas le regard sur elle-même: par sa transparence partielle la carte nous permet de voir le territoire. Elle traduit en effet ce regard en termes de savoirs, des simples nomenclatures aux architectures complexes de l'espace géographique, que celles-ci soient perçues, absolues ou relatives: elle nous livre une vision du monde. Epistémologiquement, nous ne pouvons cependant pas suivre plus avant le discours de Jacob et Théry alors qu'ils nous suggèrent ensuite que rendre la carte opaque revient à forcer «l'arrêt sur image», à imposer son tracé au regard, à introduire sa matérialité même à travers ses composantes graphiques et picturales. Par son opacité partielle, la carte nous permet, disent-ils, de voir les règles de construction qui ont précédé sa mise en forme. Tout cela semble en effet judicieux lorsqu'on fait un discours qui se situe dans le binarisme conceptuel de la transparence et de l'opacité mais, comme on le verra plus loin, l'une et l'autre, même vues partiellement, constituent un cul-de-sac en termes conceptuels puisque les termes sont des opposés contradictoires relatifs. En fait, la carte n'est possible qu'en tant que corrélation entre la *transparence* et son contraire, le *miroitement*. «L'arrêt sur l'image[55]» ne se fait pas sur l'opaque, plus ou moins transparent, mais sur le moyen terme *translucide-diaphane entre* la transparence et le miroitement (fig. 42).

---

55 Ce n'est pas tout à fait un «arrêt sur l'image» mais plutôt son glissement sur la diagonale, un travelling «entre» les deux termes contraires.

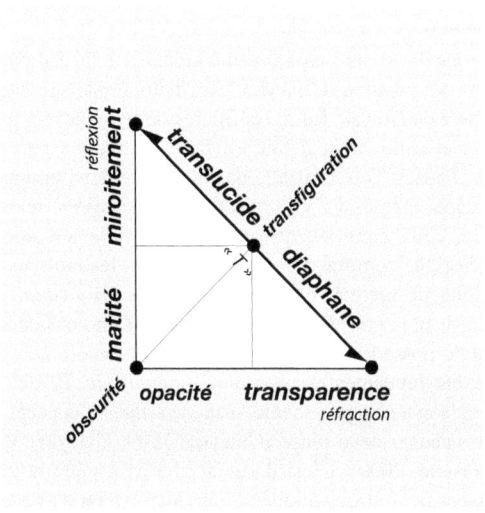

Figure 42: Le modèle ternaire de la transfiguration de l'image cartographique (objet banal): *transparence|miroitement/translucide-diaphane*

Concepts et métaphores

Pour appréhender le monde symbolique certains se sont penchés sur les métaphores (une autre manière de dire les concepts?) qui permettent de le décrire[56]. A ce titre, la «métaphore radicale» d'Ernst Cassirer, entendue

---

56 «Donc, la philosophie ne doit ni métaphoriser ni poétiser, même quand elle traite des significations équivoques de l'être. Mais ce qu'elle ne doit pas faire, peut-elle ne pas le faire?» (Ricœur, 1975: 327). «Des métaphores? En ce temps du lointain savoir où la flamme faisait penser les sages, les métaphores étaient de la pensée» (Bachelard, 1996: 20). Patrick Tort (1989), traitant de la double racine des principes de classification dans quelque domaine que ce soit, nous parle des *figures de style* ou des *figures de mots* ou des *tropes* comme quelque chose *entre* concept et textualité simplement grammaticale. Il considère par exemple «que *métaphore* et *métonymie* sont les noms les plus adéquats que l'on puisse donner aux deux schèmes matriciels de toute classification d'objets ayant une vie naturelle ou une existence historique. Ces deux schèmes, il faudra désormais les concevoir comme les *racines* – que l'on pourra dénommer sémiotiques, linguistiques, logiques, psychologiques, gnoséologiques ou simplement

empiriques – de la saisie cognitive du monde en la diversité de ses objets» (*ibid.*: 17-18). La position de Patrick Tort nous semble se situer entre celle de Cassirer et celle de Dowek. Entre les figures de style élevées au rang de concept chez Cassirer et celles dont il faut en faire abstraction pour saisir le concept chez Dowek, Patrick Tort s'installe dans un entre-deux en mettant en évidence que le principe même de «la raison classificatoire» relève d'une dualité fondamentale, celle entre *métaphore* et *métonymie* à l'aide de laquelle «la réflexion rhétorique comprend qu'à l'origine tous les mots sont des figures servant à exprimer un premier ordonnancement du réel» (*ibid.*: 14). Tort semble ainsi finalement plus près de notre démarche si l'on considère avec lui que les figures de style possèdent une manière figurale. Encore qu'en essayant de dépasser la dualité fondamentale *métaphore/métonymie*, Patrick Tort propose un tiers concept, la *synecdoque*, même si la *synesthésie*, concept trope intersensoriel, pourrait occuper cette place (Galeyev, 1999; Galeyev, Vanechkina, 1999; Fontanille, Fisette, 2000). C'est d'autant plus vrai «que la métaphore verbale requiert souvent pour être expliquée d'une manière ou d'une autre dans ses origines, le renvoi à des expériences visuelles, auditives, tactiles, olfactives» (Eco, 1988:141). Avec son rôle de moyen terme situé lui-même en dehors du sensible (Blin, 1948: 181-183), la *synesthésie* réalise la transfiguration poétique de l'objet littéraire banal, stimulant l'émergence d'une imagination intuitive toujours plus créatrice. Sous l'angle conceptuel, la *synesthésie*, mélange «synosique» (Root-Bernstein, 2002) d'affect et d'intellect, est le ressort intuitif des inventions et découvertes scientifiques. Elle permet de faire entrer en résonance la conscience de soi et la connaissance du monde, en tant qu'intelligence (Damasio, 2002) bien au-delà du cercle restreint et plutôt excentrique de surdoués qui font avancer les sciences (Root-Bernstein, 1999; Clarke, 2001). Encore au début de son étude, la *synesthésie* est appelée à nous faire d'étonnantes surprises sur le fonctionnement de l'esprit (Borillo, Sauvageot, 1998; Cytowik, 2002; VanCampen, 2007). La réalité virtuelle multisensorielle et interactive en est l'exemple (Sauvageot, 2003). La *synesthésie* comblerait probablement le désir d'imaginaire virtuel de Charles Baudelaire dont la définition qu'il donne en 1861 est encore recevable: «ce qui serait vraiment surprenant c'est que le son ne pût pas suggérer la couleur, que les couleurs ne puissent pas donner l'idée d'une mélodie, et que le son et la couleur fussent impropres à traduire les idées; les choses étant toujours exprimées par une analogie réciproque, depuis le jour où Dieu a proféré le monde comme une complexe et indivisible totalité» (Baudelaire, 1968: 513). Cette *complexe et indivisible totalité*, formulation avant la lettre de la théorie du Tout, n'est-elle pas la cause de la confusion croissante entre le monde réel et le monde virtuel et leur possible unification? Et que dire de la philosophie esthétique sensuelle de Michel Serres sinon qu'elle est imprégnée comme une forme de pensée métaphorique, permet d'exciter l'imagination voire de s'imposer comme une nécessité pour appréhender, connaître, comprendre le monde[57] et «se laisser conquérir par la magie de la métaphore!» sans évidemment oublier de jouer de prudence en prenant garde aux métaphores «trompeuses» dans les théories de la connaissance (Janz, 2001: 40). Les métaphores optiques (réflexion – miroir, reflet – réfraction)[58] et textiles (voile et toile) permettent d'exposer le projet épistémologique tout en laissant le risque d'introduire une conception naïve de la connaissance perçue comme copie du monde. Par exemple, la métaphore du miroir reflétant le monde est insuffisante et Cassirer donne bien un autre «sens à la métaphore du miroir en faisant du langage le lieu où l'esprit vient se réfléchir» (*ibid.*: 42); de même que lorsque l' «on compare souvent le philosophe à celui qui cherche à dévoiler la vérité», c'est encore là «à nouveau une idée naïve car la réalité en soi n'est pas directement accessible. Il faut plutôt se consacrer à la toile elle-même, c'est-à-dire aux façons dont quiconque symbolise le monde pour en parler» (*ibid.*: 43).

La transparence

La *transparence*, nous dit le dictionnaire, est «la qualité de ce qui laisse paraître la réalité toute entière, de ce qui exprime la vérité sans l'altérer», c'est aussi le «caractère de ce qui est visible par tous». Est transparent ce «qui laisse passer la lumière et paraître avec netteté les objets qui se trouvent derrière»[59], ce qui est représenté se confondant pour ainsi dire avec l'objet représenté. La transparence de l'image cartographique – telle une fenêtre sur le monde – peut faire croire à l'utilisateur que celle-ci ne fait

---

      par la *cénesthésie synesthésique* intéroceptive et intersensorielle (Serres, 1985, 2003, 2006).

57 Voir Janz (2001: 39-83), le chapitre «Le projet épistémologique de Cassirer. A travers les métaphores optiques et textiles».

58 Pour nous, le concept qui exprime de manière synthétique les métaphores optiques est le *translucide* puisqu'il met en relation le miroir, le reflet et la réfraction.

59 *Le Nouveau Petit Robert* (1996).

plus obstacle, qu'elle n'est plus un écran qui filtre le territoire. Une transparence absolue donnerait l'illusion que la carte se confond avec le territoire; elle serait aussi une illusion à celui qui en tombe victime. Un retour brusque à la réalité ne serait pas sans rappeler ceux qui, voulant entrer ou sortir, se frappent à des portes vitrées épaisses mais invisibles, recevant ainsi en pleine figure, au propre comme au figuré, le choc en retour d'une trop parfaite transparence qui devient soudainement douloureusement opaque! L'*opacité* absolue se situe au degré zéro de la transparence. Elle rend évident le fait qu'on ne pourrait jamais voir ce qui se cache derrière l'obstacle ainsi dressé devant la réalité (le territoire) et qu'alors la seule chose à faire est d'abandonner toute tentative de la comprendre ou tenter d'y arriver en contournant l'obstacle. On ne se cogne jamais dans une vitrine opaque, pour passer de l'autre côté et atteindre son but, on l'évite ou on la contourne. C'est seulement quand on voit à la fois, sous l'effet partiel de miroir, ce qui se passe devant l'obstacle cartographique (le versant utilisateur ou concepteur) mais aussi ce qui se passe derrière l'obstacle cartographié sous l'effet partiel de la transparence (le versant territoire) que l'on comprend qu'il y a un obstacle matériel intermédiaire translucide et diaphane qui n'est autre que le domaine de l'actualisation cartographique.

Ayant son épaisseur propre, le *translucide-diaphane* donne seulement une représentation (semblable mais pas identique) d'un représenté objet pour un représentant sujet qui l'observe. Son «épaisseur» n'est pas prise dans le sens d'une physique optique, mais relève plutôt d'un sens métaphorique. La figuration est soumise aux règles propres de médiation ou d'interface active, de mise en forme, qu'elles soient textuelles ou iconiques: elle est un construit de l'intellect, une *transfiguration* dira-t-on plus loin.

Si le discours de la carte se passait simplement entre la transparence et l'opacité, on n'aurait rien à dire de cet entre-deux puisqu'il n'aurait pas d'épaisseur propre, ni de valeur d'interface active puisque le rapport entre transparence et opacité est une dilution des deux pôles d'un même concept contradictoire, l'opacité étant le manque de transparence. Tant que le discours ne vise pas de but épistémologique, le couple *transparence/opacité* est à l'œuvre un peu partout, mais il est, d'une certaine façon, sans s'en rendre compte un discours détourné sur le *translucide-diaphane* parce que l'abus de réflexion spéculative est pris à tort pour de la spécularité ou du miroitement. Dans un discours épistémologique, ce cache-cache avec l'opaque n'a pas de sens dès lors que le concept contraire de la transparence, le véritable miroitement, est nommé explicitement et que l'opacité se retire dans le point d'origine de l'obscurité où il est en *coincidentia oppositorum* avec la matité.

Nombreux sont les auteurs qui construisent un discours sur l'opposition binaire *transparence/opacité*. Dans un ouvrage sur l'esthétique de Konrad Fiedler par exemple, l'historien de l'art Philippe Junod a mis en évidence le rôle de l'opacité chez Fiedler faisant une critique radicale du dogme de la mimésis (Junod, 1976: 107), donc de la transparence. Dans le sous-titre de son ouvrage, *Entre transparence et opacité: réflexions autour de l'esthétique de Konrad Fiedler,* Junod rappelle pourtant qu'il s'agit de réflexions, sans pour autant faire appel au miroitement, à la réflexion spéculaire. On peut dès lors se demander si ce n'est pas l'opacité imparfaite, cachant partiellement la «mimésis destructrice», qui fait implicitement office de translucide-diaphane? Serait-ce par excès de binarisme que le tiers inclus organisateur du discours ne s'exprime explicitement? D'ailleurs qui parcourt l'ouvrage peut saisir que l'opacité dont il s'agit n'est pas totale, mais se révèle du clair obscur et du voilé. Au lieu de mettre en place une orthogonalité conceptuelle (*transparence* versus *miroitement*) et son corollaire tiers (le *translucide-diaphane*), l'auteur préfère le parallélisme en concluant «que la pratique artistique et la réflexion philosophique se trouvent enfin réconciliées et situées dans leur vrai rapport, qui est le parallélisme» (*ibid.*: 348). Or conceptuellement quand il y a parallélisme, il n'y a pas de rapport, pas plus de réconciliation, mais une séparation réciproque infinie. De plus, il n'y a pas de parallélisme entre la transparence et l'opacité puisque les deux sont les extrémités d'un même axe conceptuel. Si dans le langage commun, tout de même, le parallélisme a le sens de relation ou de rapport, cela on le doit inconsciemment à l'implication de la sécante et sa voie oblique (Baruk, 1992: 833).

Le miroitement

Le *miroitement* de l'image cartographique exprime le contraire de la transparence. Qui dit miroir sous-entend habituellement reflet fidèle d'une réalité extérieure, représentation des personnes, des choses, du monde et d'abord du *je* en tant que *moi*. Mais le reflet est trompeur. L'image spéculaire est tenue pour néfaste car source d'illusion. Reflet de surface, elle s'apparente au monde des fantômes et des ombres, dans un jeu fugitif puisqu'en apparence le miroir semble plein, mais en fait ne contient rien et ne semble exister que pour reproduire autre chose que lui-même. La défiance vient aussi de son imitation trop parfaite de la réalité. Son principal défaut tient à son excès de similarité qui entraîne, à la limite, une confusion entre image et modèle, voire même la violence mimétique.

Il faut apprendre à voir toute la différence, toute la distance qui sépare le monde vécu et observé de ce que l'on pourrait dire à son sujet. En d'autres mots, il ne faut pas identifier un donné avec ce dont on peut en dire, c'est-à-dire prendre le pas sur ce qui est ou pourrait être observé ou vécu. On ne doit pas prendre le reflet pour une réflexion. On ne peut pas dire que la carte soit le miroir de la réalité, elle n'en est pas une copie conforme, ni un reflet, mais elle construit symboliquement cette réalité perçue, autrement dit le donné vécu, l'observé, tout comme une nature morte de Cézanne n'est pas le reflet d'une coupe de fruits réels[60]. Ainsi pour Alfred Korzybski (1933) «la carte est *auto-réflexive*», alors «pour être complète, une carte devrait représenter ‹une carte de la carte› ainsi d'ailleurs que le cartographe, puisque carte et cartographe font tous deux partie du terrain au moment où la carte est dressée» (Bulla de Villaret: 1992: 67)[61].

---

[60] La position est kantienne: nous n'avons pas accès à l'en-soi nouménal du réel. Les représentations sont des constructions de l'esprit; il n'y a pas d'objet pur ni de sujet pur, la connaissance est une relation réciproque entre les deux (Janz, 2001: 47-48).

[61] Voir (Cosinschi, 2008) pour une analyse des trois assertions de Korzybski: «la carte n'est pas le territoire», «la carte ne représente pas tout le territoire» et «la carte est auto-réflexive», cette dernière étant la plus importante car organisatrice du sens pragmatique de la carte.

Pour autant qu'il reflète une image, le miroitement n'est déjà plus absolu, il n'est plus pur. Il est déjà début de diaphane car il y a déjà du transparent dans son reflet. Dans un miroir matériel poli, l'image frontale que l'on voit est sa propre figure, celle de celui qui regarde. Pour que le miroitement soit intéressant, il est nécessaire qu'il soit partiellement transparent et que l'image qu'il figure vienne en partie «de derrière le miroir»[62]. En quelque sorte, il faut aussi faire transparaître et non simplement refléter. Cette carte que je vois fait réfléchir dans la mesure où il y a superposition partielle entre son image et l'image qui se trouve déjà dans l'esprit de celui qui l'a construit ou qui la regarde. Mais cette réflexion cesse quand la vision, dans le noir, devient impossible:

> La peur de ne plus rien voir se confond alors avec celle de ne plus rien reconnaître dans ce que l'on voit, et rejoint l'angoisse de perdre un sens qui s'est voulu caché et que l'image aura jusqu'ici déchiffré en figure, dans la trame visible d'un texte que l'on devrait pouvoir lire en transparence s'il y avait assez de lumière dans le monde. Cette limite à la fois visuelle et symbolique à la laquelle touche le regard qui veut aller au fond des choses n'indique la fin du miroir que pour autant qu'elle marque aussi la fin du visible: la réflexion des images s'arrête là où l'on cesse de voir, quand la vision est impossible, *quand elle est interdite, dans le noir absolu, face à un miroir entièrement voilé*, celui que l'on aura recouvert dans la chambre de quelqu'un qui vient de mourir, comme on couvrira son visage. Ce voile vient cacher l'image, arrêter le regard, met fin à la réflexion dans le miroir parce qu'il accompagne aussi la fin de toutes choses, marqué lui-même dès son origine par le signe de la fin [...] (Minazzoli, 1990: 169).

Est-ce la peur de la réalité qu'exprime Agnès Minazzoli? Le voile est une métaphore du diaphane issue du champ du tissage:

---

62 Dans le sens de «faire le voyage autour du monde en voyant si peut-être il n'y a pas encore quelque ouverture par derrière» comme le dit Kleist dans le *Théâtre de marionnettes*, une citation de Cassirer dans l'introduction au troisième volume de *La philosophie des formes symboliques* et soulignée par Janz (2001: 17).

> Le voile tient lieu de miroir: il réfléchit l'appréhension, en reflète les formes insolites, si bien que sa trame encore vierge reçoit peu à peu les images, émergées de l'attente, que l'on projette en pensée. Le voile devient le support virtuel d'une réflexion imaginaire, comme la surface d'un miroir prêt à sortir de l'ombre [...] un miroir que l'on n'attendait plus, à force de le croire perdu: ce miroir ne porte peut-être pas d'image mais seulement une voix, et s'il porte une image, il la tient de la pensée qui revient à elle-même, après une longue absence, dans le présent d'un face-à-face redevenu possible à partir d'un passé désormais maintenu à distance» (*ibid.*: 170-171).

La métaphore du voile sous-entend souvent que «le symbole est comparé à un ‹obstacle› entre le sujet connaissant et l'objet de connaissance. C'est une vision naïve du voile entre l'homme et le monde que l'on peut dépasser puisque le symbole permet au sujet de s'approprier la réalité tout en la lui cachant. Sans cette double nature du symbole – révéler en occultant – il n'y aurait pas de connaissance possible» (Janz, 2001: 65).

Trop proche de la nature du substrat de la toile et de la métaphore du tissage, le *voile* (voilé/dévoilé) nous semble moins abstrait que le concept de *translucide-diaphane* et ainsi porteur d'ambiguïtés. Nous préférons la métaphore optique du *translucide-diaphane* à celle, textile, du voile car ce dernier ne se trouve pas en position de médiateur entre un véritable miroitement et la transparence, mais plutôt en position moyenne entre l'opacité et la transparence. Le voile n'est pas un translucide-diaphane mais une transparence partielle et une opacité partielle. Le voile compris au niveau métaphorique le plus direct, porte en lui l'ambiguïté de la position moyenne entre la transparence et l'opacité: voilé signifie semi-transparent, semi-opaque. Il lui manque au départ la dose nécessaire de miroitement, de reflet superficiel encore que dans le sens métaphorique fort, celui de la peinture d'une toile dévoilant l'intentionnalité de l'auteur – par sa «réflexion» esthétique plus que par la transparence de l'objet réel de la représentation –, le côté de miroitement ou spéculaire partiel du voile ne fait aucun doute. Il serait ainsi possible d'explorer la position de la carte par rapport au tableau et au tissu en regard de ce concept.

Le translucide et le diaphane: une transfiguration

Si, comme nous l'entendons, la carte géographique est à la fois partiellement transparente et à la fois partiellement miroitante, elle est alors une *transfiguration*, c'est-à-dire translucide et diaphane. A mi-chemin entre le miroitement et le transparent, le *translucide-diaphane*[63] sera le moyen terme logique complexe, le tiers inclus, cet entre-deux qui exprime le statut épistémologique de l'image cartographique. C'est seulement dans cette fonction intermédiaire, à la fois de semi-actualisation et de semi-potentialisation simultanées du miroitement et de la transparence, que la carte possède sa propre épaisseur, son identité propre, en tant qu'interface active. L'image se construit entre ces deux pans entretenant, pareille à l'icône, un dialogue intime avec le modèle qui l'a imprégnée et le sujet qui la contemple, s'interposant entre l'œil et l'objet de sa vision pour être, petit à petit, traversée par celui qui la regarde et, par là même, peut-être transfigurée[64]. A ce titre toute carte est mentale et conceptuelle.

La transfiguration sera une «transfiguration du banal», c'est-à-dire des simples objets réels, comme le soulignait Arthur Danto (1989), car elle possède sans doute une similarité ou mimésis avec les choses représentées. Pas au point d'être identique cependant, ni d'une duplication ressemblante à tel point «qu'on ne puisse plus les distinguer en termes de contenu interne» (*ibid.*: 65). Elles ne pourraient donc pas manquer non plus complètement de mimésis car comportant en ce cas une dissemblance telle avec les choses représentées qu'on ne puisse plus les associer en termes de contenu interne. L'œuvre d'art, mais aussi la carte «puisque c'est en nous référant à elle que nous trouvons notre chemin» (*ibid.*: 65),

---

63 Tous les dictionnaires donnent pratiquement la même définition du *diaphane* et du *translucide*. Comme ces deux termes possèdent bien un nom différent, nous les utilisons ensemble sous la forme d'un concept complexe avant de les remplacer par la *transfiguration*, qui permet de les exprimer de manière synthétique. Il n'est pas sans intérêt de constater que la *mimésis* est un concept similaire à la *transfiguration* puisqu'elle prend tout son sens en tant que moyen terme, corrélation entre la transparence et le miroitement. Ainsi Thompson (1984) parle de «midpoint mimesis between absolute abstraction and absolute likeness».

64 Pour un discours sur l'image iconique voir l'ouvrage de Vasiliu (1994) *La traversée de l'image. Art et théologie dans les églises moldaves au XVIe siècle.*

se situe donc entre les deux situations extrêmes que l'on peut nommer le miroitement et la transparence. Sans jamais exprimer cela conceptuellement ni aussi clairement ou explicitement, il n'y a pas de doute que s'agissant de la transfiguration des simples objets réels dans l'œuvre d'art, c'est de cela dont parle Arthur Danto:

> Ainsi, ce qui est intéressant et essentiel dans l'art c'est la capacité spontanée qu'a l'artiste de nous amener à voir sa manière de voir le monde – de ne pas uniquement voir le monde comme si la peinture était une fenêtre, mais le monde tel que l'artiste nous le donne (*ibid.*: 320).

La carte, comme l'œuvre d'art, ne porte que des ensembles de taches de couleur «et ce n'est que grâce à l'identification transfigurative, qu'elles deviennent représentationnelles ou signifiantes» car «seule l'identification transfigurative [la] transforme en signe, c'est-à-dire en un ensemble de marques dotées d'une structure de renvoi» (*ibid.*: 14). Cependant se référer à la représentation et à l'interprétation n'est pas suffisant. La représentation transfigurative, par rapport à la représentation tout court, n'est jamais une simple représentation totalement transparente ni totalement opaque mais «elle dote le médium représentationnel d'une semi-opacité» souligne J.-M. Schaeffer dans sa *Préface* à la philosophie de l'art de A. Danto. Mais est-ce d'une semi-opacité qu'il s'agit?

Il nous faut donc aller plus avant! Aller au-delà de l'image suppose qu'elle soit considérée comme voile appelant un dévoilement du regard pour montrer plus que ce que les représentations ne montrent. Le dévoilement n'est pas la démarche visant à connaître ce qu'il y a de l'autre côté mais plutôt celle d'explorer la *texture* même du voile. C'est dans le déchirement de ce voile que l'image prend sa forme visible, spéculaire et transparente en même temps, en d'autres mots, *diaphane*[65]. C'est un voile qui à l'origine tient à la fois de l'opacité initiale du regard et de la matité du miroitement avant qu'à l'autre bout sur la voie oblique, l'image ne s'actualise, ne se projette comme sur un écran et que le regard ne puisse lui donner sens. Ce sens diaphane possède une double qualité, celle d'une

---

65 Par manque de miroitement, on ne peut pas utiliser ici le concept de *translucide* avec celui de *diaphane*.

«transitivité lumineuse», sa transparence en quelque sorte «qui permet au soleil d'éclairer en tamisant sa luminosité pour conférer visibilité et couleurs à toutes choses» et celle d'une «évidence lumineuse», son miroitement pouvons-nous dire, qui permet d'assumer la part de l'œil et de l'intellect (Vasiliu, 1997: 17).

Du diaphane

Littéralement, le *diaphane* relève de ce qui permet de laisser passer la lumière sans que l'on puisse distinguer au travers la forme des objets. Philosophiquement, c'est la pensée aristotélico-platonicienne qui nous introduit à la notion de *diaphane* en l'empruntant au vocabulaire de la lumière et en l'assimilant au domaine de l'intellect. Le travail de l'historienne d'art Anca Vasiliu (1997), traitant *Du Diaphane* au sein d'une pensée de l'image dans le contexte d'une recherche de ses sources gréco-latines au Moyen Age, a bien rendu l'origine et les contours complexes de cette notion, et nous a rejoint fort à propos dans notre interrogation sur sa compréhension et son statut. Si Anca Vasiliu explore les contours fuyants de la notion de diaphane dans le contexte de la pensée médiévale, elle met aussi en évidence que la notion est liée avant tout, surtout chez Platon comme chez Aristote, au monde de la perception et par là de l'esthétique. La notion de *milieu diaphane* y est une notion opératoire qui dresse

> une véritable armature conceptuelle autour de la relation établie entre *la lumière* (dans sa double acceptation de phénomène physique et de ‹réalité immatérielle› [...]), *la vue* (faculté sensible de l'âme, mais aussi relais dans [...] la connaissance intelligible) et *l'image* (y compris l'image peinte, la représentation ou l'icône) (*ibid.*: 29).

Car il y a, au point de départ, une question: comment expliquer la vision des choses? Plus globalement, comment aborder la représentation sensible et intelligible du monde?

Ce que le *Timée* de Platon semble appeler «diaphane», et les notions apparentées de «milieu», «d'intermédiaire», sont des notions également liées au monde de la perception. Anca Vasiliu (1997) ou Augustin Berque

(2000: 17-30) nous aident à en cerner les contours[66]. Chez Platon, la fonction ontologique du diaphane relève d'un «troisième genre autre» (*triton allo genos*) ou *chôra*, qui n'est ni l'être absolu (*eidos; idea*) relevant de l'intelligible, ni l'être relatif ou en devenir (*genesis*) relevant du sensible. La *chôra* n'est pas précisément définissable et Platon, s'exprimant par métaphores, n'en donne pas vraiment de définition clairement intelligible; elle est ontologiquement nécessaire à la chose pour qu'elle puisse exister, elle est aussi indissociable de son être en constituant son lieu de déploiement. La *chôra* apparaît à la fois comme empreinte (*ekmageion*), comme matrice-mère (*mêtêr*) ou comme nourrice (*tithênê*). Empreinte et matrice: «comment ne pas y voir le témoignage d'une prégnance ontologique sans commune mesure avec une simple localisation. Il y va de l'existence des choses, dans ce lien. Au contraire, pour dire seulement où elles se trouvent – puisqu'il faut bien qu'elles se trouvent quelque part – le *Timée* parle de *topos*» (Berque, 2000: 23). Pour chercher à saisir l'essence de la *chôra*, Berque précise qu' «il faut s'attacher à ce en quoi la *chôra* peut être un lieu géniteur; c'est-à-dire une ouverture à partir de laquelle se déploie quelque chose, et qui justement ne limite et ne définit pas» (*ibid.*: 24). Et de continuer que la *chôra* est un lieu dynamique qui participe de ce qui s'y trouve, un lieu qui n'enferme pas la chose dans l'identité de son être mais un lieu à partir de quoi il advient quelque chose de différent. Empreinte et matrice, la *chôra* est essentiellement relation avec les choses et possède un caractère fondamental d'ouverture puisqu'elle accueille et engendre: «la chôra *ouvre* sur l'existence du monde». Aristote de son côté introduit la notion de diaphane

> dans un moment précis de son discours: justement à la question sur la limite *apparente* des objets, c'est-à-dire sur ce qui se trouve à la surface (*sur* ou même

[66] D'aucuns auraient pu se référer aussi au travail de Jacques Derrida (1993) *Khôra*. Cependant son approche semble relever plus de la question du mythe; une approche d'ailleurs que Berque, suivant les méandres de la notion de *chôra*, qualifie chez Derrida de «biaisement» consistant «à cacher que les signes ont un lien avec les choses» alors que justement chez Platon, grâce à la «*chôra*, même l'absolu a un lien avec elles!» (Berque, 2000: 26).

dans la superficie, la limite, l'enveloppe apparente des objets) et qui permet de les voir, de les saisir par la vue, les rendant du fait d'être visibles connaissables en même temps par l'esprit (Vasiliu, 1997: 45).

Le terme de *diaphane* mis en scène par Aristote pour définir le concept d'intermédiaire, d'intervalle ou de milieu semble tirer son existence du composé *dia-phanes*. *Dia* est d'une grande richesse sémantique. Il signifie «séparation, distinction» ou encore «à travers» et semble désigner

> *ce qui sépare* ou *déchire*, ce qui permet par conséquent une *traversée*, une *percée*, ou *la vue* à travers, *par le biais de…*, *l'ouverture d'une intériorité*, *la mise-au-jour de quelque chose de ‹caché› au-dedans; ou la mise-à-distance, le renvoi après…, le parcours, le prolongement, la durée, la saisie de quelque chose par l'‹entremise› d'un ‹agent-transmetteur›, ou d'un ‹moyen› quelconque* etc. (*ibid*.: 62-63).

Le verbe *phanes* traduit le fait de «paraître» et est un terme qui se révèle également riche:

> apparenté à φωξ, (lumière), il traduit le fait *de briller, d'éclairer, d'illuminer* et par conséquent, *de faire paraître* quelque chose, *de faire voir, de rendre visible, de présenter en plein jour* quelque chose de voilé […], ou de caché, comme un présage ou une pensée. Signifiant tout ce qui *fait connaître* quelque chose, *montre, annonce, présente, indique, illumine*, φα ινω désigne *la manifestation* ou *la phénoménalité* à la fois d'un *phénomène* physique et/ou d'une «réalité spirituelle» invisible par elle-même (*ibid*.: 63).

La jointure de la préposition *dia* et du verbe *phanes* permet de désigner

> «ce qui laisse *paraître* (quelque chose) *à travers,*», ou «ce qui *paraît à travers*», *l'apparence manifestée*, ou «*le phénomène mis-en-acte à travers…*», et encore «ce qui *brille*» (comme par la présence d'un *feu intérieur*), «ce qui est *lumineux*», ce qui est ainsi *clair*, ou même *évident*» (*ibid*.: 63).

Le diaphane aristotélicien exprime en fait une nature commune des choses mise en acte par la lumière, agent extérieur, dans un *milieu* non seulement médiateur mais surtout révélateur d'une image «rendue apte à être saisie par le regard en même temps qu'elle est présente dans l'âme» (*ibid*.: 29). Ce *milieu diaphane* est substance et qualité à la fois, et il conditionne la vue; par le jeu du «trajet oblique» du regard, il permet à un objet de sortir de lui-même, d'un état latent comme indifférent de visibilité, pour se dévoiler «*tel qu'il est* pour un certain regard».

> Le diaphane est quelque chose sur quoi bute la conceptualisation; ce n'est pas un corps; il n'a pas de quiddité propre; sans être non plus un élément il est une «nature» semblable à l'eau et à l'air, contenue en eux sans s'identifier à aucun d'eux ni même à l'une de leur parties; il s'étend aux objets visibles eux-mêmes (*ibid.*: 8).

«En parlant du *diaphane* pour définir la lumière, Aristote introduit et nomme ainsi, en tant que terme moyen (un *tertium quid* entre des termes *a priori* opposés), la notion de *milieu, intermédiaire* ou *intervalle* propre à la perception, propre en fait à l'exercice de certaines des facultés sensibles» (*ibid.*: 49). Chez Aristote,

> la fonction du *diaphane* s'accomplit dans la médiation *active* qu'il assure entre, d'une part, la manifestation de la lumière et, de l'autre, la mise en acte de la visibilité des choses regardées. C'est là que son rôle ressemble structurellement à... et diffère en même temps, ontologiquement, de celui qui revient, chez Platon, à la *khôra* ou au «troisième genre» — toute perspective cosmologique mise à part (*ibid.*: 242).

Ainsi le diaphane ouvre

> l'accès à l'image et celle-ci, fruit de la phénoménalité de la lumière et du diaphane, constitue elle-même une médiation transparente, une évidence lumineuse, un paradigme de cette unité achevée entre l'entité sensible de l'objet et ce qui le découpe du reste pour le rendre présent noétiquement. Intervalle et image ne constituent finalement — chez Aristote — qu'une *même* ‹réalité intermédiaire›: la *diaphanéité* de chaque *étant* n'est peut-être que le nom de cette ‹nature commune lumineuse› qui révèle dans l'objectivité de chaque chose la racine de sa disponibilité visible, son *iconicité* foncière; vision située, certes, à l'opposé même de la *mimêsis ombreuse* platonicienne (*ibid.*: 242-243).

Le diaphane, véritable *correlatio oppositorum*, sert de paradigme de l'intervalle, «statut de l'intermédiaire comme moyen terme, comme genre singulier ‹du milieu›, ou comme relais de mi-chemin dans l'intervalle de la séparation». C'est «une étonnante ‹rencontre dans l'intervalle» (*ibid.*: 207-

209) qui imprégnera progressivement la représentation du monde sous son aspect sensible, mais aussi intelligible, du physique au métaphysique, voire même au spirituel et au mystique. Nous l'avions pressenti, mais nous faisons un pas de plus en proposant explicitement que son statut épistémologique est entre la transparence et le miroitement, qu'il en est leur actualisation dans une logique impérativement ternaire. Ce que Anca Vasiliu décrit comme «deux plans» concernant l'un l'optique lié à l'expérience sensorielle (physique ou esthétique), et l'autre, la perspective plus large de l'intelligible, soit une «*distance* à deux temps – physique et spirituelle –, qui s'étend entre l'homme et ce qu'il regarde et/ou envisage de connaître […] ces deux axes [déterminant] une ligne de rupture, comme le ferait un voile ou une nuée, séparant l'immanent du transcendant» (*ibid.*: 24) et attribuant à juste titre un rôle épistémologique au *milieu* et à la *médiation* dans toute définition d'une «connaissance du monde», nous allons le recadrer dans notre logique ternaire qui sera explicitée à propos de la carte.

Toute image, qu'elle œuvre dans la ressemblance (image peinte, icône, mimésis) ou dans l'image mentale qui vient à l'esprit quand on regarde un objet, participe du monde devenant visible à travers notre regard. Cependant, toute image dépasse ce visible car elle en dit plus qu'elle ne montre effectivement (*ibid.*: 29). C'est dire que ces images prennent leur existence dans le visible mais qu'en même temps, lorsqu'on met au monde leur visibilité par le regard, elle se dissout, s'efface ou se diaphanise pour ne pas constituer un obstacle au regard: «On ne voit pas la visibilité; on la traverse, comme on traverse un médium, comme on traverse un porche donnant accès à l'intérieur de ce que l'image annonce», telle une porte ouverte vers une intériorité paradoxale (*ibid.*: 30). C'est ce que nous appelons *l'épaisseur propre* de l'image. L'image serait un

> […] être-de-l'intervalle en train de s'accomplir au fur et à mesure qu'il s'amenuise; et en cela l'image se définit exactement comme on définit le *milieu:* une icône dans laquelle «le regard marche le long de lui-même […]» vers l'autre «pôle» du visible (*ibid.*: 31).

Le diaphane est bien intimement lié à l'image. Milieu révélateur, c'est un intervalle médiateur entre «l'objet-du-regard et l'image *dans/par* laquelle nous le voyons». Il transfigure, c'est-à-dire qu'il

> se place comme une distance nécessaire mais, n'engendrant pas comme dans la projection inversée du miroir le reflet d'un «objet» semblable mais pur simulacre de fait, il crée une image «vraisemblable» c'est-à-dire qu'il institue l'altérité d'un *eidos* de l'objet dépourvu de sa matière et *presque* plus «vrai», ou plus visible en quelque sorte, que l'objet lui-même, *in-connu* ou du moins *in-visible* autrement (*ibid.*: 280).

S'il est possible de retracer chez Anca Vasiliu l'essentiel des contours subtils de la notion de diaphane, il nous semble cependant que le souci majeur de son discours relève plutôt de l'esthétique et de la philosophie et on ne peut y retrouver d'articulations claires et distinctes du diaphane par rapport à des concepts tels la transparence, l'opacité, le miroitement, le mat, évidemment pas non plus de topologie conceptuelle. Pas explicitement du moins. En la lisant cependant, on sent que la transparence cherche sa place dans le dialogue avec le miroitement. Le diaphane y est-il pour autant à la fois miroitement et transparence? Anca Vasiliu nous semble chercher plutôt à le débusquer, encore une fois, entre les pôles de la transparence et de l'opacité.

Réflexion-réfraction

Pour mieux se représenter les processus en cours, on peut aussi faire une analogie avec un modèle physique et aborder des métaphores optiques[67].

---

67 De nombreux philosophes se sont servi de métaphores optiques, le plus souvent ponctuellement et de manière imagée alors que chez Cassirer, par exemple, leur utilisation dépasse la figure de rhétorique simplement ornementale pour jouer un rôle épistémologique (Janz, 2001: 45). Dans les discours des philosophes, Nathalie Janz «cite à titre de rappel les expressions ‹l'œil de l'âme› chez Platon, ‹l'œil de l'esprit› chez Descartes, le langage que les empiristes anglais considèrent comme un ‹miroir aux sortilèges› sans compter les intuitions qui, chez Kant sont ‹aveugles› quand elles ne s'accompagnant pas de concept ou encore, chez W. von Humboldt, la forme des langues qui porte le ‹reflet de la nation›» (*ibid.*: 44).

Utilisons d'abord le concept métaphorique de *réflexion*[68] : ce qui se passe avec la lumière qui tombe sur la surface d'une carte et qui revient dans l'œil avant d'en traverser son «épaisseur», en d'autres mots, sa logique. Utilisons ensuite le concept de *réfraction*: ce qui permet de saisir l'autre côté de la carte géographique, le territoire décalé par rapport à la réflexion (sur la carte), c'est-à-dire notre idée sur le sujet, avant de voir l'implantation cartographique elle-même, sa réalisation. Il y a réfraction de la référence car la carte n'est pas tout à fait transparente ni d'une même nature que la référence. A bien réfléchir, la bonne carte est un peu réfractaire aux idées reçues mais aussi à celles qu'on s'en fait. Elle nous surprend parfois là où l'on s'y attend le moins. «La carte n'est pas le territoire», comme le dit Korzybski, ou plutôt dirons-nous, elle n'est pas tout à fait le territoire.

L'épaisseur de l'image cartographique, sa densité propre, ses règles, nous incitent à parler d'une logique *réflectante* et d'une logique *réfractante*. Au point de réfraction se trouve le travail du cartographe qui transforme le territoire en carte. Il sait que la carte ne peut être ni complètement transparente (identique au territoire) ni complètement miroitante (identique à l'idée a priori que l'on se donne de ce territoire). Au point de réflexion, il est aussi nécessaire que l'utilisateur ne se laisse pas aveugler par un miroitement pur, prenant la carte pour ce qu'il veut voir; il est nécessaire d'admettre que la carte est aussi transparence permettant de voir ou de reconnaître le territoire. Il faut donc que l'interprétation de la carte par l'utilisateur soit faite dans le même esprit que celui du concepteur, pour autant qu'on respecte les règles de la représentation cartographique. La transparence pure de même que le miroitement pur ne sont pas intéressants puisqu'ils renvoient soit le regardé, soit le regardant. Il faut que dans la semi-actualisation et la semi-potentialisation réciproques et si-

---

68 La langue allemande semble riche en ce qui concerne les métaphores de la *réflexion:* Nathalie Janz signale, à titre d'exemple, quatre termes traduits souvent par «reflet» mais possédant des nuances sémantiques appréciables: *Abbild* (image, reproduction), *Gegenbild* (pendant, copie), *Spiegelung* (réflexion, dans le sens d'image reflétée ne pouvant se former indépendamment de la surface du miroir Spiegel), *Widerspiegelung* (réfléchissement) (Janz, 2001: 53).

multanées de la transparence et du miroitement, l'objet puisse apparaître à celui qui regarde comme une transfiguration suivant les règles propres de la «mise en carte». Ainsi la carte est une métaphore, un style de figure plutôt qu'une figure de style, elle possède son *épaisseur propre*[69] et les caractéristiques tierces du *translucide-diaphane*, c'est-à-dire d'une *transfiguration*. Insistons, sa lisibilité n'est pas texte mais texture visible.

Une carte n'est pas tout à fait transparente ni d'une même nature que la référence, elle est une interface entre la réflexion du sujet et la réfraction référentielle. Si ces deux logiques coïncident, c'est que la carte n'a lieu d'exister car il n'y a pas de différence entre la partie réflectée et la partie réfractée. Il est important qu'il y ait un décalage entre les deux, pas trop grand car autrement la carte serait trop étonnante à cause d'informations nouvelles impossible à décoder, pas trop petit car elle serait alors redondante, trop conforme à ce à quoi on s'attend, sans rien nous apprendre de nouveau. Quand elle est réussie, la carte géographique, par sa transfiguration communicationnelle, permet de mettre en rapport adéquat, d'un côté, la recherche signifiante, redondante (du point de vue du lecteur) due au miroitement du message cartographié, *réflectant* en partie ce qu'on sait déjà, avec de l'autre côté, la recherche informante, étonnante (devant laquelle on se dit «tiens?»), du message cartographique dont le caractère partiellement décalé, *réfractant*, nous apprend des choses nouvelles sur le territoire. C'est justement l'organisation médiatrice, jouant comme une sorte d'embrayage de la carte, qui installe la tension

---

69 Notre notion d'«épaisseur propre» semble se rapprocher de la vision de Cassirer d'une relation spéculaire dans la connaissance, rejetant par un revirement épistémologique radical la vision de l'*Abbildtheorie*, où les représentations sont des images ou des reproductions des objets. Par exemple, pour Cassirer, le langage peut «être considéré comme un miroir, non pas du monde, mais de l'esprit. Ainsi, les mots ne recèlent pas tant l'image des choses que l'image de la conscience se rapportant aux objets. Considérant que l'esprit se réfléchit dans le miroir que constitue […] le langage […]». «La culture dans son ensemble devient le ‹miroir› de l'homme, ce n'est que dans les productions culturelles, dans la variété de la symbolisation, qu'il peut saisir les façons dont son esprit saisit le monde». (Janz, 2001: 48-49). *L'épaisseur propre* de la carte géographique est donc réfléchissement, mieux réflexion, de notre façon de «penser-voir» le territoire.

complémentaire entre la tendance réflexive et la tendance réfractrice et rend possible la communication à la fois informante et signifiante. Lorsqu'elle tombe sous les yeux, la carte reflète au premier abord ce que l'on sait déjà. Ensuite, si on la regarde bien dans toute son «épaisseur», on se fait la réflexion, vu la logique de sa texture, que bien des endroits sont décalés par rapport à ce qu'on attendait. Si le décalage est optimal entre la nouveauté et l'attendu, il y aura adéquation réflexion-réfraction, une mise en médiation fonctionnelle qui donne du sens au message cartographique. La représentation cartographique n'est ni une image peinte, ni une icône, mais une graphie de la Terre – une géo-graphie de la connaissance des lieux et des territoires, inséparable des humains qui y vivent et les produisent – car ce n'est pas en la regardant que l'on comprend ce qu'elle représente, mais en l'interprétant, dans le sens de parvenir à la lire. La carte thématique n'est pas une image de l'objet représenté (le territoire): pour paraphraser Paul Klee[70], la carte ne reproduit pas le territoire, elle le rend visible. Elle est un construit, une projection qui comporte une levée ou un relevé de données transcrites sur un plan, ordonné par la réduction d'*échelle*, hiérarchisé par la symbolique sémiologique de la *légende* et prenant sens dans le contexte interprétatif oblique de *l'implantation cartographique*, la carte elle-même, «mesure du monde» (Zumthor, 1993).

*

Si les images du monde ainsi que celles de notre existence nous enrobent de l'intimité de la rondeur des sphères et des bulles (Sloterdijk, 2002, 2005), leurs représentations, elles, sont mises à plat sur des surfaces généralement rectangulaires (carte géographique, plan topographique, plan de quartier, lotissement, terrain sportif, habitation, tapis, porte, fenêtre, cadre, tableau, icône, écran, échiquier, livre, page, photographie, carreau, timbre, drapeau, etc.), dont le regard diagonal donne mieux la mesure. Le «livre» est peut-être le meilleur exemple pour illustrer ce tiers inclus des formes de la représentation. Véritable *orbis libris*, le *Livre*, titre d'un ou-

---

70 «L'art ne reproduit pas le visible, il rend visible» (Klee, 1985: 34).

vrage sur l'objet livre de Michel Melot (2006) (un livre sur le livre, un méta-livre), formaté comme quadrature, en «brique élémentaire» de notre culture depuis deux millénaires, déroule sa textualité trichotomique à double niveau, autour de nombreuses triades, comme celles des trois religions dites du Livre, rappelant en filigrane les schémas typiques préfigurateurs de l'organisation épistémologique ternaire.

> Ce qui laisse penser que parmi les vertus du livre, il faut inscrire son adéquation entre «structures physiques» et «structures logiques», permettant un passage aisé des unes aux autres, que l'on apprécie même après avoir goûté aux liens hypertextuels et à la recherche en texte intégral. Entre le rouleau et l'écran, le livre ne fut pas qu'un long détour (*ibid.*: 75).

Il porte en lui la promesse d'être encore longtemps un marqueur de la condition humaine et d'être écrit, ouvert et lu.

Bibliographie

ALLEN, W. (1981) *Destins tordus*, R. Laffont, Paris.
ALLIEZ, E. (1999) «Tarde et le problème de la constitution», in: *Œuvres de Gabriel Tarde*, Institut synthélabo, Le Plessis-Robinson, pp. 9-32.
AMBACHER, M. (1972) *La matière, dans les sciences et la philosophie*, Aubier, Paris.
ANAXIMANDRE (1991) *Fragments et témoignages*, P.U.F., Paris.
ATLAN, H. (1972) *L'organisation biologique et la théorie de l'information*, Hermann, Paris.
ATLAN, H. (1979) *Entre le cristal et la fumée: essai sur l'organisation du vivant*, Seuil, Paris.
ATTALI, J. (1975) *La parole et l'outil*, P.U.F., Paris.
ATTALI, J. (2005) *Karl Marx ou l'esprit du monde*, Fayard, Paris.
AXELROD, R. (1996) *Comment réussir dans un monde d'égoïstes: théorie du comportement coopératif*, Opus 44, O. Jacob, Paris.
BACHELARD, G. (1942) *L'eau et les rêves: essai sur l'imagination de la matière*, J. Corti, Paris.
BACHELARD, G. (1943) *L'air et les songes*, J. Corti, Paris.
BACHELARD, G. (1949) *Le rationalisme appliqué*, P.U.F., Paris (6e éd. en 1986).
BACHELARD, G. (1953) *Le matérialisme rationnel*, P.U.F., Paris (rééd. en 1990).
BACHELARD, G. (1996) *La flamme d'une chandelle*, coll. Quadrige, P.U.F., Paris.
BAREL, Y. (1973) *La reproduction sociale: systèmes vivants, invariance et changement*, Anthropos, Paris.
BARUK, S. (1992) *Dictionnaire de mathématiques élémentaires*, Seuil, Paris.
BATESON, G. (1977, 1980) *Vers une écologie de l'esprit*, 2 tomes, Seuil, Paris.
BATESON, G. (1979) *La nature et la pensée*, Seuil, Paris.
BATESON, G. (1996) *Une unité sacrée: quelques pas de plus vers une écologie de l'esprit*, La couleur des idées, Seuil, Paris.
BAUDELAIRE, CH. (1968) *Œuvres complètes*, Seuil, Paris.
BAUDRILLARD, J. (1968) *Le système des objets*, Gallimard, Paris.
BAUDRILLARD, J. (1970) *La société de consommation: ses mythes, ses structures*, Gallimard, Paris.
BAUDRILLARD, J. (1972) *Pour une critique de l'économie politique du signe*, Gallimard, Paris.
BAULIG, H. (1950) *Essai de géomorphologie*, les Belles Lettres, paris.
BENVENISTE, E. (1966) *Problèmes de linguistique générale*, Gallimard, Paris.
BERGSON, H. (1907) *L'évolution créatrice*, Alcan, Paris.
BERGSON, H. (1919) *L'énergie spirituelle: essai et conférences*, Alcan, Paris.
BERQUE, A. (2000) *Ecoumène: introduction à l'étude des milieux humains*, coll. Mappemonde, Belin, Paris.
BERKELEY, G. (1992) *Principes de la connaissance humaine*, Aubier, Paris. Ed. originale 1710.
BERNARD, C. (1879) *Leçons sur les phénomènes de la vie communs aux animaux et aux végétaux*, 2 vol., Baillière, Paris.
BESSE, J.-M. (2003) *Face au monde: atlas, jardins, géoramas*, coll. Arts et esthétique, Desclée de Brouwer, Paris.

BLACKMORE, S. (2006) *La théorie des mèmes: pourquoi nous nous imitons les uns les autres*, Max Milo, Paris.
BLAGA, L. (1988) *L'éon dogmatique*, L'Age d'Homme, Lausanne. Ed. originale 1931.
BLAGA, L. (1990) *Les différentielles divines*, Librairie du savoir, Paris. Ed. originale 1940.
BLAGA, L. (1995) *La trilogie de la culture*, Librairie du savoir, Paris. Ed. originale 1944.
BLANCHE, R. (1966) *Structures intellectuelles: essai sur l'organisation systématique des concepts*, J. Vrin, Paris.
BLANCHE, R. (1973) *La science actuelle et le rationalisme*, coll. SUP Le philosophe, P.U.F., Paris.
BLANCHE, R. (1990) *L'axiomatique*, coll. Quadrige N° 116, P.U.F., Paris.
BLIN, G. (1948) *Le sadisme de Baudelaire*, J. Corti, Paris.
BLOOM, H. (2001, 2003) *Le Principe de Lucifer: une expédition scientifique dans les forces de l'histoire*, 2 vol., Le Jardin des Livres, Paris.
BORILLO, M., SAUVAGEOT, A. (dir.) (1998) *Les cinq sens de la création: art, technologie et sensorialité*, Champ Vallon, Seyssel.
BOUDON, P. (2002) *Echelle(s)*, La bibliothèque des formes, Anthropos, Paris.
BOULGAKOV, S. (1983) *La sagesse de Dieu: résumé de sophiologie*, L'Age d'Homme, Lausanne.
BOURG, D. (1996) *L'homme artifice: le sens de la technique*, Le débat, Gallimard, Paris.
BOUVIER, A., GEORGE, M. (1979) *Dictionnaire des mathématiques*, P.U.F., Paris.
BOVELLES, CH. DE (1984) *L'art des opposés*, J. Vrin, Paris. Ed. originale 1510.
BRØNDAL, V. (1950) *Théorie des propositions: introduction à une sémantique rationnelle*, Munskgaard, Copenhague.
BROOKS, D. (2000) *Les bobos: les bourgeois bohèmes*, Florent Massot, Paris.
BRUNSCHVICG, L. (1937) *Le rôle du pythagorisme dans l'évolution des idées*, Hermann, Paris.
BRUNSCHVICG, L. (1972) *La philosophie mathématique*, A. Blanchard, Paris. Ed. originale 1912.
BULLA DE VILLARET, H. (1992) *Introduction à la sémantique générale de Korzybski*, Le Courrier du Livre, Paris.
CALAME, P. (2004) «Essai sur l'œconomie», Internet: www.pierre-calame.fr et www.fph.ch/fr/qui-sommes-nous/notions-cle/vision-de-leconomie.html (consulté le 05.06.2007).
CAPLOW, T. (1971) *Deux contre un: les coalitions dans les triades*, Colin, Paris.
CARNAP, R. (1942) *Introduction to semantics*, Harvard University Press, Cambridge.
CASSIRER, E. (1972) *La philosophie des formes symboliques*, 3 vol., Editions de Minuit, Paris.
CHANGEUX, J.-P. (2002) *Raison et plaisir*, O. Jacob, Paris.
CHARON, J. E. (1983) *L'être et le verbe: essai d'ontologie axiologique*, Editions du Rocher, Monaco.
CHENIQUE, F. (1975) *Eléments de logique classique, tome 1: L'art de penser et de juger*, série «Logique et informatique», Dunod, Paris.
CHOMSKY, N. (1973) *Le langage et la pensée*, Petite bibliothèque, Payot, Paris.
CIORAN, E. M. (1995) *Œuvres*, Quarto, Gallimard, Paris.
CLARKE, R. (2001) *Super cerveaux, des génies aux surdoués*, P.U.F., Paris.
CLAUDEL, P. (2000) *Conversations écologiques*, textes réunis et présentés par Jean Bastaire, Le Temps qu'il fait, Cognac.

CLOSE, F. (2001) *Asymétrie: la beauté du diable: où se cache la symétrie de l'Univers*, EDP sciences, Les Ulis.
CLOZIER, R. (1972) *Histoire de la géographie*, P.U.F., Paris.
COFFEY, W. J. (1981) *Geography: Towards a General Spatial Systems Approach*, Methuen & Co., London.
COMBET, G. (1976) «Complexification et carré performatoire», in: Nef, F. (dir.), *Structures élémentaires de la signification,* Complexe, Bruxelles, pp. 67-72.
COMTE, A. (1998) *Cours de philosophie positive*, 2 vol., Hermann, Paris. Ed. originale entre 1830 et 1842.
COMTE, A. (2000) *Système de politique positive*, J. Vrin, Paris. Ed. originale entre 1851 et 1854.
COMTE-SPONVILLE, A., FERRY, L. (1998) *La sagesse des modernes: dix questions pour notre temps*, R. Laffont, Paris.
COSINSCHI, E. (1995) «Eloge de l'entre-deux», conférence non-publiée, Colloque multidisciplinaire franco-roumain, Timisoara.
COSINSCHI, M. (2003) *Entre transparence et miroitement, la transfiguration cartographique: pour une épistémologie ternaire de la cartographie*, Travaux et recherches N° 25, Institut de Géographie, Université de Lausanne, Lausanne.
COSINSCHI, M. (2008) «Alfred Korzybski et la pragmatique de la carte», in: *Analele Stiintifice ale Universitatii «Al. I. Cuza» Iasi*, T. LIV s. II-c, pp. 11-18.
COSTA DE BEAUREGARD, O. (1963) *La notion du temps: équivalence avec l'espace*, Herman, Paris.
COULIANO, I. P. (1990) *Les gnoses dualistes d'Occident: histoire et mythes*, Plon, Paris.
COXETER, H. S. M. (1969) *Introduction to geometry*, Wiley, New York.
CULIOLI, A. (1991) *Pour une linguistique de l'énonciation: opérations et représentations,* tome 1, Ophrys, Gap.
CUVILLIER, A. (1945) *Manuel de philosophie*, tome 2: *logique-morale-philosophie morale*, A. Colin, Paris.
CYTOWIK, R. E. (2002) *Synaesthesia: A Union of the Senses*, 2nd Ed., MIT Press, Cambridge.
DAMASCENE, J. (1994) *Le visage de l'invisible*, trad. du grec par A.-L. Darras-Worms, introd. théologique de C. Schönborn, introd. historique, notes, biblio., guide et glossaire de M.-H. Congourdeau, Migne, Paris.
DAMASIO, A. R. (2000) *L'erreur de Descartes: la raison des émotions*, Poches 40, O. Jacob, Paris.
DAMASIO, A. R. (2002) *Le sentiment même de soi: corps, émotions, conscience*, Poches 91, O. Jacob, Paris.
DANTO, A. (1989) *La transfiguration du banal: une philosophie de l'art*, Seuil, Paris.
DAWKINS, R. (2003) *Le gène égoïste*, Poches, O. Jacob, Paris.
DE BONO, E. (1973) *La pensée latérale: au service de la créativité dans l'entreprise*, Entreprise moderne d'édition, Paris.
DEBORD, G. (1996) *La société du spectacle*, Folio, Gallimard, Paris. Ed. originale 1967.
DEBRAY, R. (2001) *Cours de médiologie générale*, Folio essais, Gallimard, Paris.
DEHAENE, S. (2007) *Les neurones de la lecture*, O. Jacob, Paris.
DELEDALLE, G. (1978) «Commentaire», in: *Ecrits sur le signe* (de) Ch. S. Peirce, Seuil, Paris, pp. 201-252.

DELEUZE, G. (1988) *Le pli: Leibniz et le baroque*, Editions de Minuit, Paris.
DELEUZE, G., GUATTARI, F. (1991) *Qu'est-ce que la philosophie?*, Editions de Minuit, Paris.
DERRIDA, J. (1993) *Khôra*, Galilée, Paris.
DESCARTES, R. (1988) *Les passions de l'âme*, Gallimard, Paris. Ed. originale 1649.
DESCARTES, R. (1990) *Discours de la méthode*, Flammarion, Paris. Ed. originale 1637.
DESCARTES, R. (1993) *Méditations métaphysiques*, Flammarion, Paris. Ed. originale 1641.
DESMARAIS, G. (1998) *Dynamique du Sens*, Septentrion, Québec.
DICKES, J.-P., LAFARGUE, G. (2006) *L'homme artificiel: essai sur le moralement correct*, Ed. de Paris, Paris.
Dictionary of the History of Ideas, (1973) vol. 2, Charles Scribner's Sons, New York.
Dictionnaire encyclopédique Quillet (1979), Paris.
DOWEK, G. (1995) *La logique*, coll. Dominos, Flammarion, Paris.
DUBORGEL, B. (1997) *Malevitch: la question de l'icône*, Centre Interdisciplinaire d'Etudes et de Recherches sur l'Expression Contemporaine, Travaux XC, Publication de l'Université de Saint-Etienne, Saint-Etienne.
DUBY, G. (1978) *Les Trois Ordres ou l'imaginaire du féodalisme*, Gallimard, Paris.
DUFOUR, D.-R. (1990) *Les mystères de la trinité*, nrf, Gallimard, Paris.
DUHEM, P. (1956) *Le système du monde: histoire et doctrines cosmologiques de Platon à Copernic*, vol. 7: *la physique parisienne au XIVe siècle*, Hermann, Paris.
DUMEZIL, G. (1977) *Les dieux souverains des Indo-Européens*, Gallimard, Paris.
DUPUY, M. (1959) *La philosophie de Max Scheler: son évolution et son unité*, 2 vol., P.U.F., Paris.
ECO, U. (1988) *Sémiotique et philosophie du langage*, Formes sémiotiques, P.U.F., Paris.
EDELMAN, G. M. (1992) *Biologie de la conscience*, O. Jacob, Paris.
ELIADE, M. (1962) *Méphistophélès et l'androgyne,* nrf, Gallimard, Paris.
ELIADE, M. (1965) *Le Sacré et le Profane*, Gallimard, Paris.
ELIADE, M. (1969) *Le mythe de l'éternel retour: archétypes et répétition*, nouv. éd. revue et augmentée, Gallimard, Paris.
ELIADE, M. (1971) *La nostalgie des origines*, Idées, Gallimard, Paris.
ELIADE, M. (1977) *Forgerons et alchimistes*, Champs, Flammarion, Paris.
ELLUL, J. (1981) *La parole humiliée*, Seuil, Paris.
Encyclopedia of Philosophy (1967) Macmillan, New York; Collier-Macmillan, London.
Encyclopédie thématique Weber (1972), vol. 6.
EVERÆRT-DESMEDT, N. (1990) *Le processus interprétatif: introduction à la sémiotique de Ch. S. Peirce*, coll. Philosophie et Langage, P. Mardaga, Liège.
EVERÆRT-DESMEDT, N. (2000) *Sémiotique du récit*, 3e éd. revue et augmentée, Culture et communication, De Boeck Université, Bruxelles.
FERREUX, M.-J. (2003) *Le New-Age: ritualités et mythologies contemporaines*, L'Harmattan, Paris.
FLEURY, C. (2000) *Métaphysique de l'imagination*, Editions d'écarts, Paris.
FONTANILLE, J., FISETTE, J. (2000) «Le sensible et les modalités de la sémiosis: pour un métissage théorique», in: *Tangence*, Presses de l'Université du Québec, N° 64, pp. 78-139.
FONTANILLE, J. (2003) *Sémiotique du discours*, Presses de l'Université de Limoges, Limoges.
FOULQUIE, P. (1953) *L'existentialisme*, P.U.F., Paris.
FREUND, J. (1983) *Sociologie du conflit*, P.U.F., Paris.

FROMAGET, M. (1991) *Corps, âme, esprit: introduction à l'anthropologie ternaire*, A. Michel, Paris.
FROMM, E. (1978) *Avoir ou être: un choix dont dépend l'avenir de l'homme*, Laffont, Paris.
FUKUYAMA, F. (2002) *La fin de l'homme: les conséquences de la révolution biotechnique*, La Table Ronde, Paris.
FURET, F. (1995) *Le passé d'une illusion: essai sur l'idée communiste au XXe siècle*, Laffont/Calmann-Levy, Paris.
GALEYEV, B.M. (1999) «What is Synaethesia: Myth and reality», in: *Leonardo Electronic Almanac*, V. 7, N. 6, Internet: http://prometheus.kai.ru/mif_e.htm (consulté le 05.04.2009).
GALEYEV, B.M., VANECHKINA, I.L. (1999) «Synesthesie», Internet: http://synesthesia.prometheus.kai.ru/sinestes_e.htm (consulté le 05.04.2009).
GANOCZY, A. (2008) *Christianisme et neurosciences: pour une théologie de l'animal humain*, O. Jacob, Paris.
GENINASCA, J. (2005) «Quand donner du sens c'est donner forme intelligible», in: *Actes du colloque international de sémiotique théorique et appliquée*, organisé par l'Association suisse de sémiologie (11-12 avril 2003, Université de Zurich), Bähler, U. et alii (éds.), L'Hamattan, Paris, pp. 125-144.
GINZBURG, C. (2001) *À distance: neuf essais sur le point de vue de l'histoire*, nrf, Gallimard, Paris.
GELLER, S. (1979) *Abrégé de mathématiques*, Masson, Paris.
GIRARD, R. (1972) *La violence et le sacré*, Grasset, Paris.
GIRARD, R. (1978) *Des choses cachées depuis la fondation du monde*, Grasset, Paris.
GIRARD, R. (1999) *Je vois Satan tomber comme l'éclair*, Grasset, Paris.
GIRARD, R. (2002) *La voie méconnue du réel: une théorie des mythes archaïques et modernes*, Grasset, Paris.
GIRARD, R. (2004) *Les origines de la culture*, Desclée de Brouwer, Paris.
GIRARD, R. (2007) *Achever Clausewitz*, Carnets Nord, Paris.
GLEICK, J. (1989) *Théorie du chaos*, A. Michel, Paris.
GOULD, S. J. (1983) *La mal mesure de l'homme: l'intelligence sous la toise des savants*, Ramsey, Paris.
GRANFIELD, D. (1991) *Heightened Consciousness: The Mystical Difference*, Paulist Press, New York/Mahwah.
GREIMAS, A. J. (1966) *Sémantique structurale*, Larousse, Paris.
GREIMAS, A. J. (1970) *Du sens: essai sémiotique*, Seuil, Paris.
GREIMAS, A. J., COURTES, J. (1979) *Sémiotique, dictionnaire raisonné de la théorie du langage*, Hachette, Paris.
GRISE, J. B. (1976) *Matériaux pour une logique naturelle*, Centre de recherches sémiologiques, Université de Neuchâtel, Neuchâtel.
HABERMAS, J. (1987) *Théorie de l'agir communicationnel*, Fayard, Paris.
HALLORAN, J. (1978) *Applied Human Relations: An Organisational Approach*, Prentice-Hall, Englewood Cliffs.
HAMELIN, O. (1907) *Essai sur les éléments principaux de la représentation*, Alcan, Paris.
HARRIS, E. (1979) *Nature, esprit et science moderne*, L'Age d'Homme, Lausanne.
HEBERT, L. (2006) «Le schéma tensif», in: *Signo* (en ligne), Rimouski (consulté le 08.02.2009).

HEGEL, G. W. F. (1993) *Phénoménologie de l'esprit*, Gallimard, Paris. Ed. originale 1806.
HEIDEGGER, M. (1986) *Etre et temps*, nrf, Gallimard, Paris.
HEISENBERG, W. (1971) *Physique et philosophie*, A. Michel, Paris.
HENAULT, A. (1979) *Les enjeux de la sémiotique: introduction à la sémiotique générale*, P.U.F., Paris.
HENRY, M. (2003) *Phénoménologie de la vie*, vol. 1: *de la phénoménologie*, P.U.F., Paris.
HENRY, M. (2003) *Phénoménologie de la vie*, vol. 2: *de la subjectivité*, P.U.F., Paris.
HENRY, M. (2004) *Phénoménologie de la vie*, vol. 3: *de l'art et du politique*, P.U.F., Paris.
HENRY, M. (2004) *Phénoménologie de la vie*, vol. 4: *sur l'éthique et la religion*, P.U.F., Paris.
HŒFFE, O. (dir.) (1983) *Dictionnaire de morale*, Cerf, Paris / Ed. Universitaire, Fribourg.
HUSSERL, E. (1964) *Leçons pour une phénoménologie de la conscience intime du temps*, P.U.F., Paris.
HUXLEY, A. (1965) *Le meilleur des mondes*, La Guilde du livre, Lausanne.
JACOB, C., THERY, H. (1987-1988) «La cartographie et ses méthodes», dossier in: *Préfaces*, N° 5, décembre-janvier, pp. 66-114.
JACOB, C. (1991) *Géographie et ethnologie en Grèce ancienne*, coll. CURSUS, A. Colin, Paris.
JACOB, F. (1970) *La logique du vivant: une histoire de l'hérédité*, Gallimard, Paris.
JACQUES, F. (2005) *La croyance, le savoir, la foi: une refondation érotétique de la métaphysique*, P.U.F., Paris.
JAKOBSON, R. (1963) *Essai de linguistique générale*, Editions de Minuit, Paris.
JANKELEVITCH, V. (1989) *Henri Bergson*, P.U.F., Paris.
JANZ, N. (2001) *Globus symbolicus: Ernst Cassirer: un épistémologue de la troisième voie?*, Kimé, Paris.
JONAS, H. (1990) *Le principe responsabilité: une éthique pour la civilisation technologique*, Cerf, Paris.
JULIA, D. (1984) *Dictionnaire de la philosophie*, Larousse, Paris.
JUNOD, P. (1976) *Transparence et opacité: réflexions autour de l'esthétique de Konrad Fiedler*, L'Age d'homme, Lausanne.
KANT, E. (1987) *Critique de la raison pure*, 2e éd. remaniée, Flammarion, Paris. Ed. originale 1781 et 1787.
KLEE, P. (1985) *Théorie de l'art moderne*, Denoël, Paris. Ed. originale 1945.
KOJEVE, A. (1991) *Le concept de temps et de discours: introduction au système du savoir*, Gallimard, Paris.
KORZYBSKI, A. H. (1933) *Science and Sanity: An Introduction to Non-Aristotelian Systems and General Semantics*, The International Non-Aristotelian Library Publishing, Lakeville.
KÜNG, H. (2008) *Petit traité du commencement de toutes choses*, Seuil, Paris.
LALANDE, A. (1972) *Vocabulaire technique et critique de la philosophie*, 11e éd., P.U.F., Paris.
LAVELLE, L. (1939) *L'erreur de Narcisse*, Grasset, Paris.
LE GOFF, J. (1981) *La naissance du purgatoire*, Gallimard, Paris.
LEGRAND, G. (1983) *Dictionnaire de philosophie*, Bordas, Paris.
LEMOINE, A. (1864) *Le vitalisme et l'animisme de Stahl*, G. Baillière, Paris.
LERBET, G. (1988) *L'insolite développement: vers une science de l'entre-deux*, UNMFREO, Editions universitaires, Paris
LEVI-STRAUSS, C. (1973) *Anthropologie structurale deux*, Plon, Paris.
LEVINAS, E. (1963) *Théorie de l'intuition de la phénoménologie de Husserl*, J. Vrin, Paris.

LEVY, P. (1987) *La machine univers*, La Découverte, Paris.
LEWIN, R. (1994) *La complexité: une théorie de la vie au bord du chaos*, Interéditions, Paris.
LISMAN, J. H. C. (1972) *Mathématiques préparatoires à l'économie*, 2e éd., Dunod, Paris.
LOCHAK, G. (1994) *La géométrisation de la physique*, Flammarion, Paris.
LUPASCO, S. (1947) *Logique et contradiction*, P.U.F., Paris.
LUPASCO, S. (1970a) *Les Trois matières*, 10/18, Julliard, Paris.
LUPASCO, S. (1970b) *La tragédie de l'énergie: philosophie et sciences du XXe siècle*, Casterman/Poche, Paris.
LUPASCO, S. (1971) *Du rêve, de la mathématique et de la mort*, C. Bourgois, Paris.
LUPASCO, S. (1973) *Du devenir logique et de l'affectivité*, 2 tomes, J. Vrin, Paris. Ed. originale 1935.
LUPASCO, S. (1978) *Psychisme et sociologie*, Casterman, Paris.
LUPASCO, S. (1986) *L'homme et ses trois éthiques*, avec la collab. de Solange de Mailly-Nestlé et Basarab Nicolescu, Editions du Rocher, Monaco.
LUPASCO, S. (1987) *Le principe d'antagonisme et la logique de l'énergie*, Editions du Rocher, Monaco.
LUPASCO, S. (1989) *L'expérience microphysique et la pensée humaine*, Editions du Rocher, Monaco.
MAOR, E. (1994) *The Story of a Number*, Princeton University Press, Princeton.
MARCEL, G. (1935) *Etre et avoir*, F. Aubier, Paris.
MARION, J.-J. (2002) *Dieu sans l'être*, 2e éd., Quadrige, P.U.F., Paris.
MARX, K. (1963) «Discours sur le libre échange», in: *Marx Œuvres I*, Pléiade, Gallimard, Paris, pp. 137-156. Ed. originale 1847.
MARX, K. (1985) *Le capital*, vol. 1: *Livre I, sections I à IV*; vol. 2: *Livre I, sections V à VIII*, Flammarion, Paris. Ed. originale 1867.
MARX, K., ENGELS, F. (2004) *Manifeste du parti communiste*, Librio Document, J'ai lu, Paris. Ed. originale 1848.
MELOT, M. (2006) *Livre*, Œil neuf, Paris.
MENGUE, P. (1994) *Gilles Deleuze ou le système du multiple*, Kimé, Paris.
MERLEAU-PONTY, M. (1964) *Le visible et l'invisible*, Gallimard, Paris.
MERLEAU-PONTY, M. (1979) *Phénoménologie de la perception*, Gallimard, Paris. Ed. originale 1945.
MERLEAU-PONTY, M. (1996) «La guerre a eu lieu», in: *Sens et Non-Sens*, nouvelle éd., Gallimard, Paris, pp. 169-185.
MINAZZOLI, A. (1990) *La première ombre: réflexions sur le miroir et la pensée*, Editions de Minuit, Paris.
MIQUEL, P.-A. (2000) *Comment penser le désordre?*, Fayard, Paris.
MIRONESCO, C. (1982) *La logique du conflit: théories et mythes de la sociologie politique contemporaine*, Favre, Lausanne.
MOLES, A., ROHMER, E. (1972) *Psychologie de l'espace*, coll. Mutations. Orientations, Casterman, Paris.
MOLES, A., ROHMER, E. (1982) *Labyrinthes du vécu. L'Espace: matière d'action*, coll. Sociologies au quotidien, Librairie des Méridiens, Paris.
MONNOYER, J.-M. (1988) «La Pathétique cartésienne», in: *Descartes: Les Passions de l'âme*, Gallimard, Paris, pp. 11-152.

MORAND, B. (2004) *Logique de la conception: figures de sémiotique générale d'après Charles S. Pierce*, L'Harmattan, Paris.
MORFAUX, L.-M. (1980) *Vocabulaire de la philosophie et des sciences humaines*, A. Colin, Paris.
MORIN, E. (1977) *La méthode 1: la nature de la nature*, Seuil, Paris.
MORIN, E. (1980) *La méthode 2: la vie de la vie*, Seuil, Paris.
MORIN, E. (1986) *La méthode 3: la connaissance de la connaissance*, Seuil, Paris.
MORIN, E. (1990) *Introduction à la pensée complexe*, EST, Paris.
MORIN, E. (1991) *La méthode 4: les idées*, Seuil, Paris.
MORIN, E. (2004) *La méthode 6: éthique*, Seuil, Paris.
MOUNIER, E. (1948) *Introduction aux existentialismes*, Denoël, Paris.
NEF, F. (1976a) «Présentation», in: Nef, F. (dir.), *Structures élémentaires de la signification*, Complexe, Bruxelles, pp. 9-17.
NEF, F. (1976b) «Le contrat énonciatif: de la grammaire narrative à l'énonciation», in: Nef, F. (dir.), *Structures élémentaires de la signification*, Complexe, Bruxelles, pp. 58-66.
NEF, F. (2005) *Qu'est-ce que la métaphysique?*, Gallimard, Paris.
NEWBERG, A., D'AQUILI, E., RAUSE, V. (2003) *Pourquoi «Dieu» ne disparaîtra pas: quand la science explique la religion*, Sully, Paris.
NICOLESCU, B. (1985) *Nous, la particule et le monde*, coll. Science et conscience, Le Mail, Paris.
NICOLESCU, B. (1988) *La science, le sens et l'évolution: essai sur Jakob Bœhme*, suivi d'un choix de textes, Editions du Félin, Paris.
NICOLESCU, B. (1994) *Théorèmes poétiques*, Editions du Rocher, Monaco.
NICOLESCU, B. (1996) *La transdisciplinarité: manifeste*, Editions du Rocher, Monaco.
NICOLESCU, B. (1999) *Stéphane Lupasco: l'homme et son œuvre*, Editions du Rocher, Monaco.
NICOLESCU, B. (2003) «Le tiers et le sacré», in: Nicolescu, B. (dir.) *Le sacré aujourd'hui* précédé de *Hommage à Michel Camus*, Editions du Rocher, Monaco, pp. 92-104.
NIETZSCHE, F. (2002) *Ainsi parlait Zarathoustra*, Rivages, Paris. Ed. originale entre 1883 et 1885.
Nouveau Petit Robert (Le), (1996) Dictionnaires Le Robert, Paris.
OGIEN, A. (1993) «Les propriétés sociologiques du concept», in: Fradin, B., Quéré, L., Widmer, J., *L'enquête sur les catégories: de Durkheim à Sacks*, E.H.E.S.S., Paris, pp. 243-272.
OLLIVIER, M. (1933) *Marx et Engels, poètes*, Bergis, Paris.
ONFRAY, M. (1998) *Le désir d'être un volcan: journal hédoniste*, Librairie générale française, Paris.
OSTWALD, W. (1910) *L'énergie*, F. Alcan, Paris.
PASSET, R. (1979) *L'économique et le vivant*, Payot, Paris.
PAVEL, T. (1988) *Le mirage linguistique: essai sur la modernisation intellectuelle*, Editions de Minuit, Paris.
PEIRCE, CH. S. (1978) *Ecrits sur le signe: rassemblés, traduits et commentés par Gérard Deledalle*, Seuil, Paris.
PELLEGRINO, P. (éd.) (1994) *Figures architecturales, figures urbaines. Actes du colloque international de sémiotique de l'espace, Genève 26-7 juillet 1990*, Economica, Paris.
PETITOT, J. (1977) «Topologie du carré sémiotique», in: *Etudes littéraires*, vol. 10, N° 3, Université de Laval, Québec, pp. 347-428.

PETITOT, J. (1985) *Morphogenèse du sens, tome 1 : pour un schématisme de la structure*, P.U.F., Paris.
PETITOT, J. (1992) *Physique du sens : de la théorie des singularités aux structures sémio-narratives*, Editions du C.N.R.S., Paris.
PIAGET, J., GARCIA, R. (1983) *Psychogenèse et histoire des sciences*, Flammarion, Paris.
PIATTELLI-PALMARINI, M. (dir.) (1979) *Théories du langage, théories de l'apprentissage : le débat entre Jean Piaget et Noam Chomsky organisé et recueilli par Massimo Piattelli-Palmarini*, Points, Seuil, Paris.
PICLIN, M. (1980) *Les philosophes de la triade*, J. Vrin, Paris.
PINKER, S. (1999) *L'instinct du langage*, O. Jacob, Paris.
POINCARE, H. (1968) *La science et l'hypothèse*, coll. Champs, Flammarion, Paris.
POPPER, K. R. (1979) *La société ouverte et ses ennemis*, 2 vol., Seuil, Paris.
POPPER, K. R. (1982) *La connaissance objective*, 2e éd., (traduction des trois chapitres de «Objective Knowledge» paru en 1972), Complexe, Paris.
POTTIER, B. (1985) *Linguistique générale : théorie et description*, Klincksieck, Paris.
PRIGOGINE, I., STENGERS, I. (1979) *La Nouvelle alliance : métamorphose de la science*, Gallimard, Paris.
PROCHIANTZ, A. (1997) *Les anatomies de la pensée : à quoi pensent les calamars?*, O. Jacob, Paris.
QUEAU, P. (1989) «Altéraction», in: Weissberg, L., *Les chemins du virtuel : simulation informatique et création industrielle*, Centre Georges Pompidou, Paris.
QUERE, L. (1993) «Présentation», in: Fradin, B., Quéré, L., Widmer, J., *L'enquête sur les catégories : de Durkheim à Sacks*, E.H.E.S.S., Paris, pp. 7-42.
QUEYSANNE, B. (1996) «Muthos entre Logos et Topos», in: *Le sens du lieu*, Sousia, Bruxelles, pp. 45-54.
RACINE, J.-B., REYMOND, H. (1973) *L'analyse quantitative en géographie*, coll. SUP, Le géographe, P.U.F., Paris.
RADELET-DE-GRAVE, P., STOFFEL, J.-F. (éds.) (1996) *Les «enfants naturels» de Descartes*, Actes du colloque commémoratif du quatrième centenaire de la naissance de René Descartes, Louvain-la-Neuve, 21-22 juin 1996, Brepols, Turnhout.
RICHARD, M. (1983) *La pensée contemporaine : les grands courants*, Chronique sociale de France, Lyon.
RICŒUR, P. (1975) *La métaphore vive*, Seuil, Paris.
ROOT-BERNSTEIN, R. S. (1999) *Sparks of Genius*, Houghton Mifflin, Boston.
ROOT-BERNSTEIN, R. S. (2002) «Aesthetic cognition», in: *International Studies in the Philosophy of Science*, vol. 16, no. 1, Routledge, pp. 61-77.
ROSNAY, J. DE (1975) *Le macroscope : vers une vision globale*, Seuil, Paris.
RUSSELL, B. (1970) *Introduction à la philosophie mathématique*, Payot, Paris.
RUYER, R. (1974) *La Gnose de Princeton : des savants à la recherche d'une religion*, Fayard, Paris.
SAHLINS, M. (1980) *Au cœur des sociétés : raison utilitaire et raison culturelle*, nrf, Gallimard, Paris.
SAINT-EXUPERY, A. DE (1953) *Carnets*, nrf, Gallimard, Paris.
SAINT-GEOURS, J. (1987) *Eloge de la complexité*, Economica, Paris.
SARTRE, J.-P. (1943) *L'être et le néant : essai d'ontologie phénoménologique*, Gallimard, Paris.
SARTRE, J.-P. (1996) *L'existentialisme est un humanisme*, Gallimard, Paris. Ed. originale 1946.
SAUSSURE, F. DE (1967) *Cours de linguistique générale*, Payot, Paris. Ed. originale 1916.

SAUVAGEOT, A. (2003) *L'épreuve des sens: de l'action sociale et de la réalité virtuelle*, P.U.F., Paris.
SCHLANGER, J. (1971) *Les métaphores de l'organisme*, J. Vrin, Paris.
SCHÜSSLER, I. (2003) *Hegel et les rescendances de la métaphysique: Schopenhauer-Nietzsche-Marx-Kierkegaard. Le positivisme scientifique*, Payot, Lausanne.
SERRES, M. (1968) *Hermès I: la communication*, Editions de Minuit, Paris.
SERRES, M. (1971) «Ce que Thalès a vu au pied des Pyramides», in: *Hommage à Hyppolite*, P.U.F., Paris.
SERRES, M. (1980) *Hermès V: le passage du Nord-Ouest*, Editions de Minuit, Paris.
SERRES, M. (1985) *Les cinq sens: philosophie des corps mêlés*, Grasset, Paris.
SERRES, M. (1991) *Le tiers-instruit*, François Bourin, Paris.
SERRES, M. (1993) *Les origines de la géométrie*, Flammarion, Paris.
SERRES, M. (1994) *Atlas*, Julliard, Paris.
SERRES, M. (2001) *Hominescence*, Essais, Le Pommier, Paris.
SERRES, M. (2003) *L'incandescent*, Essais, Le Pommier, Paris.
SERRES, M. (2004) *Rameaux*, Essais, Le Pommier, Paris.
SERRES, M. (2006) *L'art des ponts: Homo pontifex*, Le Pommier, Paris.
SHANNON, C. E., WEAVER, W. (1975) *Théorie mathématique de la communication*, Retz - C.E.P.L., Paris.
SIBONY, D. (1991) *Entre-deux: l'origine en partage*, Seuil, Paris.
SIMMEL, G. (1981) *Sociologie et épistémologie*, P.U.F., Paris. Ed. originale 1917.
SLOTERDIJK, P. (1987) *Critique de la raison cynique*, C. Bourgois, Paris.
SLOTERDIJK, P. (2000a) *Règles pour le parc humain: une lettre en réponse à la Lettre sur l'humanisme de Heidegger*, Mille et une nuits, Paris.
SLOTERDIJK, P. (2000b) *La Domestication de l'Etre: pour un éclaircissement de la clairière*, Mille et une nuits, Paris.
SLOTERDIJK, P. (2000c) *La Mobilisation infinie: vers une critique de la cinétique politique*, Christian Bourgois, Paris.
SLOTERDIJK, P. (2002) *Bulles: microsphérologie*, Pauvert, Paris.
SLOTERDIJK, P. (2005) *Ecumes: sphérologie plurielle*, Maren Sell, Paris.
SLOTERDIJK, P. (2006) *Le palais de cristal: à l'intérieur du capitalisme planétaire*, Maren Sell, Paris.
SMARANDACHE, F. (1999, 2000, 2003) *A Unifying Field in Logics: Neutrosophic Logic. Neutrosophy, Neutrosophic Set, Neutrosophic Probability*, 3rd ed., American Research Press, Rehoboth.
SOMMER, M. (1987) *Evidenz im Augenblick: Eine Phänomenologie der reinen Empfindung*, Suhrkamp, Frankfurt.
STIRNER, M. (1960) *L'Unique et sa propriété*, J.-J. Pauvert, Paris. Ed. originale 1845.
TARDE, G. (1999) «Monadologie et sociologie», réédition in: Alliez, E. (dir.) *Œuvres de Gabriel Tarde*, vol. 1, Institut synthélabo, Le Plessis-Robinson, pp. 33-102.
TEILHARD DE CHARDIN, P. (1955) *Le Phénomène humain*, Points, Seuil, Paris.
TEILHARD DE CHARDIN, P. (1956) *La place de l'homme dans la nature: le groupe zoologique humain*, Le monde 10/18, A. Michel, Paris.
THEAU, J. (1990) *Trois essais sur la pensée*, coll. Philosophica, Presses de l'Université d'Ottawa, Ottawa/Paris/Londres.

THOM, R. (1974) *Modèles mathématiques de la morphogenèse*, 10/18, Union générale d'éditions, Paris.
THOM, R. (1978) *Morphogenèse et imaginaire*, CIRCE 8-9, Cahiers de recherche sur l'imaginaire, série Méthodologie de l'imaginaire, Paris.
THOMPSON, R. F. (1984) *Flash of the Spirit: African and Afro-American Art and Philosophy*, Vintage Books, New York.
TODOROV, T. (1998) *Le jardin imparfait: la pensée humaniste en France*, Grasset, Paris.
TODOROV, T. (2007) *La littérature en péril*, Café Voltaire, Flammarion, Paris.
TORT, P. (1989) *La raison classificatoire*, Série Résonances, Aubier, Paris.
TROTSKY, L. (1974) *Littérature et révolution*, Union générale des éditions, Paris. Ed. originale 1924.
TUGNY, E., DE MARS, L. L. (1998) *De quoi parle-t'on quand on lit? Entretien sur la lecture publique*, enregistrement pour «La Parole Vaine» N° 14, Internet: http://www.leterrier.net/lestextes/lldm/entretientugny.htm (consulté le 10.05.2007).
VANCAMPEN, C. (2007) *The Hidden Sense: Synesthesia in Art and Science*, MIT Press, Cambridge, Mass.
VASILIU, A. (1994) *La traversée de l'image: art et théologie dans les églises moldaves au XVIe siècle*, Théophanie, Desclée de Brouwer, Paris.
VASILIU, A. (1997) *Du diaphane, Etudes de philosophie médiévale*, J. Vrin, Paris.
VASILIU, A. (1999) «Le transparent, le diaphane et l'image» in: Dubus, P. (éd.), *Transparences*, Actes du Colloque du 15.05.1998, Centre de recherches sur l'art (CREART), Editions de la Passion, Paris, pp. 15-30.
VERDIER, N. (1999) *Le Dico des sciences*, Les dicos essentiels, Milan.
WAAL, F. DE (2006) *Le singe en nous*, Le temps des sciences, Fayard, Paris.
WATZLAWICK, P. et alii (1972) *Une logique de la communication*, Points, Sciences humaines 102, Seuil, Paris. Ed. originale 1967.
WATZLAWICK, P. (1980) *Le langage du changement: éléments de communication thérapeutique*, Points, Essais 186, Seuil, Paris.
WILLETT, G. (1992) *La communication modélisée: une introduction aux concepts, aux modèles et aux théories*, Ed. du Renouveau pédagogique, Montréal.
WUNENBURGER, J.-J. (1990) *La raison contradictoire, sciences et philosophies modernes: la pensée du complexe*, A. Michel, Paris.
WUNENBURGER, J.-J. (1995) *La vie des images*, Presses universitaires de Strasbourg, Strasbourg.
WUNENBURGER, J.-J. (1997) *Philosophie des images*, coll. Thémis-Philosophie, P.U.F., Paris.
ZILBERBERG, C. (2002) «Précis de grammaire tensive», in: *Tangence*, N° 70, pp. 111-143, Rimouski.
ZIZEK, S. (2007a) *Bienvenu dans le désert du réel*, Champs, Flammarion, Paris.
ZIZEK, S. (2007b) *Le sujet qui fâche: le centre absent de l'ontologie politique*, Flammarion, Paris.
ZIZEK, S. (2008) *La parallaxe*, Ouvertures, Fayard, Paris.
ZUCAV, G. (1982) *La danse des éléments*, R. Laffont, Paris.
ZUMTHOR, P. (1993) *La mesure du monde: représentation de l'espace au Moyen Age*, Poétique, Seuil, Paris.

Index

A

Allen, W., 131
Alliez, E., 96
Ambacher, M., 106
Anaxagore, 101, 105
Anaximandre, 100
Anaximène, 101
Appolonius de Perga, 144
Apulée, 36
Archimède, 70, 144, 157
Aristote, 11, 24, 29, 31, 36, 37, 38, 77, 104, 112, 144, 171, 172, 173, 174
Arnauld, A., 157
Atlan, H., 2, 52, 54, 58, 86, 90, 91
Attali, J., 119, 120

B

Bachelard, G., 103, 104, 138, 139, 140, 141, 161
Bacon, F., 102
Barel, Y., 58
Baruk, S., 145, 165
Bateson, G., 8, 94
Baudelaire, Ch., 162
Baudrillard, J., 85
Baulig, H., 74
Benveniste, E., 90, 95
Bergson, H., 104, 109
Berkeley, G., 105
Bernard, C., 108
Berque, A., 171, 172
Besse, J.-M., 159
Blackmore, S., 112
Blaga, L., 99, 127, 128
Blanché, R., 13, 32, 36, 45, 52, 80
Blin, G., 162
Bloom, H., 129

Boèce, 29
Bœhme, J., 134
Borillo, M., 162
Boudon, P., 7, 8
Boulgakov, S., 127
Bourg, D., 116
Bouvier, A.,, 61, 133, 136
Bovelles, Ch. de, 11, 36
Boyle, R., 102
Brøndal, V., 36, 51
Brooks, D., 116
Brunschvicg, L., 133, 142, 145
Bulla de Villaret, H., 166

C

Calame, P., 97
Cantor, G., 157
Caplow T., 2, 71
Carnap, R., 81, 111
Cassirer, E., 10, 87, 161, 162, 163, 167, 176, 178
Changeux, J.-P., 113
Charon, J. E., 24, 78
Chénique, F., 11, 24, 26, 36, 107
Chomsky, N., 9
Cioran, E. M., 15, 52, 98, 126
Clarke, R., 162
Claudel, P., 97
Close, F., 15
Clozier, R., 144
Coffey, W. J., 132
Combet, G., 36, 41, 43, 44
Comte, A., 109
Comte-Sponville, A., 116
Cosinschi, E., 2
Cosinschi, M., 159, 166
Costa de Beauregard, O., 117, 118

Couliano, I. P., 129
Courtés, J., 39
Coxeter, H. S. M., 144, 145
Culioli, A., 30
Cuvillier, A., 104
Cytowik, R. E., 162

D

D'Aquili, E., 129
Damascène, J., 20
Damasio, A. R., 112, 162
Danto, A., 169, 170
Dawkins, R., 112
De Bono, E., 85
De Mars, L. L., 98
Debord, G., 116
Debray, R., 82
Dehaene, S., 9
Deledalle, G., 4
Deleuze, G., 7, 9, 13, 32, 95, 96, 129
Démocrite, 102
Derrida, J., 172
Descartes, R., 35, 102, 112, 145, 157, 176
Desmarais, G., 38
Dicéarque, 144
Dickès, J.-P., 115
Dieu, 29, 98, 102, 105, 107, 108, 111, 115, 120, 127, 128, 162
Dowek, G., 10, 162
Duborgel, B., 20
Duby, G., 2
Dufour, D.-R., 2, 23
Duhem, P., 145
Dumézil, G., 1
Dupuy, M., 108
Duteil, Y., 93

E

Ebeling, G., 99
Eco, U., 162
Edelman, G. M., 32
Einstein, A., 103
Eliade, M., 24, 63, 88, 124

Empédocle, 101
Engels, F., 119
Epicure, 102
Eratosthène, 59, 144
Euclide, 132
Eudoxe de Cnide, 143
Everært-Desmedt, N., 18, 33

F

Fermat, P. de, 145
Ferreux, M.-J., 116
Ferry, L., 116
Fisette, J., 162
Fleury, C., 127
Fœrster, H. von, 86, 90
Fontanille, J., 40, 162
Foucault, M., 96
Foulquie, P., 111
Freund, J., 92
Fromaget, M., 2
Fromm, E., 95
Fukuyama, F., 115
Furet, F., 123

G

Galeyev, B. M., 162
Galilée, G., 102
Ganoczy, A., 99
Garcia, R., 114
Gassendi, P., 102
Gauss, C. F., 132
Geller, S., 143, 150
Geninasca, J., 29
George, M., 61, 133, 136
Ginzburg, C., 28
Girard, R., 2, 95, 99
Gleick, J., 52
Gould, S. J., 156
Granfield, D., 97
Greimas, A. J., 11, 29, 31, 36, 38, 40, 46, 48
Grise, J. B., 131
Guattari, F., 7, 9, 32, 129

H

Halloran, J., 92
Hamelin, O., 15
Harris, E., 105, 118
Hébert, L., 41
Hegel, G. W. F., 15, 26, 27, 28, 94, 118, 120, 123
Heidegger, M., 97, 113, 115
Heisenberg, W., 101, 106, 107
Hénault, A., 45
Henry, M., 97
Héraclite, 101
Hipparque, 144
Hjelmslev, L., 48
Höffe, O., 106
Hume, D., 114
Husserl, E., 111, 113
Huxley, A., 116

J

Jacob, C., 59, 159, 160
Jacob, F., 75, 78
Jacques, F., 127
Jakobson, R., 24, 31, 46
Janz, N., 10, 87, 163, 166, 167, 168, 176, 177, 178
Jésus, 97, 99
Jonas, H., 115
Julia, D., 8
Junod, P., 165

K

Kant, E., 29, 93, 98, 112, 118, 176
Klee, P., 179
Klein, J.-P., 36
Kojève, A., 27
Korzybski, A. H., 166, 177
Küng, H., 98

L

La Fontaine, J. de, 30
Lafargue, G., 115
Lalande, A., 25, 46, 104, 105, 106, 114

Lavelle, L., 111
Le Goff, J., 2
Legrand, G., 106
Leibniz, G. W., 145
Lerbet, G., 158
Leucippe, 102
Lévinas, E., 111
Lévi-Strauss, C., 24
Lévy, P., 52
Lewin, R., 52
Lisman, J. H. C., 150
Lobatchevsky, N. I., 132
Lochak, G., 133
Lupasco, S., 1, 2, 3, 7, 67, 68, 69, 89, 103, 104, 158

M

Malraux, A., 127
Maor, E., 36
Marcel, G., 95, 97
Marion, J.-J., 21
Marx, K., 85, 108, 119, 120, 121, 122, 123, 124, 125
Melot, M., 180
Mengue, P., 13
Ménon, 141
Merleau-Ponty, M., 8, 113, 114
Mill, J. S., 114
Minazzoli, A., 167
Miquel, P.-A., 47
Mironesco, C., 92
Moles, A., 77
Monnoyer, J.-M., 112
Morfaux, L.-M., 114
Morin, E., 52, 53, 58, 78, 86
Mounier, E., 113

N

Nef, F., 11, 24, 31, 36, 38, 43, 45, 46, 126
Neumann, J. von, 90
Newberg, A., 129
Newton, I., 102, 145, 150

Nicolescu, B., 2, 36, 53, 68, 99, 129, 135, 158
Nietzsche, F., 125

O

Ogien, A., 9
Ollivier, M., 119
Onfray, M., 116
Oresme, N., 143, 144
Ostwald, W., 104

P

Paracelse, 105
Pascal, B., 145, 157
Passet, R., 83
Pavel, T., 31
Peirce, Ch. S., 1, 2, 4, 7, 18, 57
Pellegrino, P., 2
Petitot, J., 9, 39, 49
Piaget, J., 9, 36, 58, 114, 132
Piattelli-Palmarini, M., 9
Piclin, M., 5, 15, 109, 115, 118
Pinker, S., 9
Platon, 106, 107, 141, 171, 172, 174, 176
Poincaré, H., 132, 133, 134
Polonsky, J., 91
Popper, K. R., 2, 28, 106, 107
Pottier, B., 48
Prigogine, I., 52
Prochiantz, A., 53
Pythagore, 138, 139

Q

Quéau, P., 132
Quéré, L., 9
Queysanne, B., 8

R

Racine, J.-B., 154, 156
Radelet-de-Grave, P., 145
Rause, V., 129
Reymond, H., 154, 156

Richard, M., 93, 109
Ricœur, P., 161
Riemann, B., 132
Root-Bernstein, R. S., 162
Rosnay, J. de, 87, 88
Russell, B., 111, 114, 131, 157
Ruyer, R., 17, 129

S

Sahlins, M., 84
Saint-Exupéry, A. de, 13
Saint-Geours, J., 52
Saint-Paul, 99
Sartre, J.-P., 95, 97, 113, 115
Saussure, F. de, 4, 24
Sauvageot, A., 162
Schaeffer, J.-M., 170
Scheler, M., 108
Schlanger, J., 69
Schüssler, I., 119, 121, 122
Serres, M., 2, 3, 8, 90, 92, 133, 138, 141, 156, 157, 158, 162
Shannon, C. E., 81, 83, 90, 91
Simmel, G., 96
Sloterdijk, P., 115, 116, 179
Smarandache, F., 6
Socrate, 141
Sommer, M., 111
Spinoza, B., 105
Stahl, G. E., 105
Stengers, I., 52
Stirner, M., 125
Stoffel, J.-F., 145

T

Taine, H., 114
Tarde, G., 96
Tarski, A., 111
Teilhard de Chardin, P., 69, 79
Thalès de Milet, 101
Théau, J., 27
Théry, H., 159, 160
Thom, R., 2, 39, 86
Thompson, R. F., 169

Todorov, T., 31, 119
Tort, P., 161, 162
Trotsky, L., 122
Tugny, E.,, 98

V

VanCampen, C., 162
Vanechkina, I. L., 162
Vasiliu, A., 169, 171, 173, 175, 176
Verdier, N., 132
Viète, 143

W

Waal, F. de, 116
Watzlawick, P., 26, 81, 88, 139, 143

Weaver, W., 81, 83
Wiener, N., 83
Willett, G., 83
Wittgenstein, L. J., 111, 114
Wunenburger, J.-J., 52

Z

Zilberberg, C., 40
Zizek, S., 98, 113, 116, 120
Zukav, G., 108, 111
Zumthor, P., 179

Paulo Jesus

Poétique de l'*ipse*

Etude sur le *Je pense* Kantien

Avec une préface par François Marty

Bern, Berlin, Bruxelles, Frankfurt am Main, New York, Oxford, Wien, 2008. 508 p.
Publications Universitaires Européennes : Série 20, Philosophie. Vol. 711
ISBN 978-3-03911-452-8 br.
sFr. 98.– / €* 72.80 / €** 74.80 / € 68.– / £ 51.– / US-$ 105.95

* comprend la TVA – valable pour l'Allemagne   ** comprend la TVA – valable pour l'Autriche

Cet ouvrage propose une réinterprétation originale du rôle cognitif du *Je pense* kantien qui se veut pertinente pour la phénoménologie et pour la philosophie actuelle de l'esprit. L'étude du rapport entre temporalité phénoménale et cognition catégoriale constitue le fil conducteur de cette recherche. Elle mène à la question capitale du statut ultime du Moi, du sens du *Je* du *Je pense*. Que désigne-t-il : un épiphénomène contingent, une représentation *sui generis*, une métareprésentation, un acte indéconstructible, un événement fonctionnel, une forme logique ? Recèle-t-il une véritable unité ou plutôt une multiplicité productrice d'unité ? Représente-t-il une identité réelle ou un changement identifiable, un référent vide ou 'saturé' ? La réponse à toutes ces questions dépend notamment de la façon de concevoir l'efficacité du *Je*, c'est-à-dire de l'articulation entre inconscient cognitif, conscience de soi et conscience de quelque chose en général. En pensant Kant avec la philosophie moderne et contemporaine, l'auteur tente d'élucider l'instabilité inévitable du passage critique à un *Cogito* postmétaphysique.

Contenu : Unité de la conscience. Individuation et ipséité – Temps et affection. Temps et synthèse – Construction mathématique. L'infini de l'espace et du temps – Le sens interne : Descartes, Locke, Tetens, Baumgarten et Kant – Vérité cohérence et vérité adéquation – L'unité du *Moi* : Hume, Kant et Fichte – Le *Je pense* : nécessité et unité de la synthèse. Pouvoir d'accompagnement – L'intelligence comme système organique et praxéologique – Vie, raison et téléologie immanente – Perception et aperception chez Leibniz et Kant – Temporalité et conscience : panchronie et achronie du *Moi*.

L'auteur : Après une Maîtrise en Psychologie à l'Université de Coimbra (Portugal) et un Doctorat en Philosophie à l'EHESS (Paris, France), Paulo Jesus a notamment étudié à l'Université catholique de Louvain et a été *Visiting Scholar* aux universités de Columbia et de New York. Il est actuellement chercheur au Centre de Philosophie de l'Université de Lisbonne et Professeur de Psychologie à l'Université lusophone de Porto.

PETER LANG
Bern · Berlin · Bruxelles · Frankfurt am Main · New York · Oxford · Wien

Francesca Manzari
Ecriture derridienne :
entre langage des rêves et critique littéraire

Bern, Berlin, Bruxelles, Frankfurt am Main, New York, Oxford, Wien, 2009.
X, 383 p.
ISBN 978-3-03911-594-5 br.
sFr. 97.– / €* 66.90 / €** 68.80 / € 62.50 / £ 46.90 / US-$ 96.95

* comprend la TVA – valable pour l'Allemagne   ** comprend la TVA – valable pour l'Autriche

« *Je vous ai parlé de langue et de rêve, puis d'une langue rêvée, puis d'une langue de rêve* » (Jacques Derrida, *Fichus*). Quelle est cette « langue de rêve » qui fait l'objet de l'écriture de *Fichus* ? Est-ce la langue que Derrida rêve de parler ? Est-ce l'à-venir rêvé de toute langue ? Quelle est la relation que l'œuvre du philosophe entretient avec le langage du rêve ?

En questionnant les traits idiomatiques de l'écriture derridienne l'auteur étudie son rapport à l'héritage freudien, sa libération du joug épistémologique, son penchant poétique et l'impossibilité de sa reproduction.

Contenu : Correspondances structurelles entre rêve et déconstruction – Rapport entre psychanalyse et déconstruction – Le paradigme sans métaphore – Langage des rêves et écriture derridienne – Héritages nietzschéens et mallarméens – Le secret de la poésie – Écriture derridienne et écriture déconstructionniste – Entre *New Criticism* et déconstruction – Une critique créative : les exemples de Geoffrey H. Hartman et David Wills.

L'auteur : Francesca Manzari, docteur en Littérature Générale et Comparée a été Attachée temporaire d'enseignement et de recherche auprès du Département de Littérature Générale et Comparée de l'Université de Provence, a enseigné à l'Université de Chypre en tant que *Visiting Lecturer*. Depuis janvier 2005, elle enseigne la traduction littéraire auprès de l'*American University Center of Provence*.

PETER LANG
Bern · Berlin · Bruxelles · Frankfurt am Main · New York · Oxford · Wien

Raphaël Gély

Identités et monde commun

Psychologie sociale, philosophie, société
Troisième tirage

*Bruxelles, Bern, Berlin, Frankfurt am Main, New York, Oxford, Wien,
2006, 2007, 2008. 204 p.
Philosophie & Politique. Vol. 12
Directeur de collection : Gabriel Fragnière
ISBN 978-90-5201-416-6 br.
sFr. 38.– / €* 25.60 / €** 26.30 / € 23.90 / £ 17.90 / US-$ 37.95*

* comprend la TVA – valable pour l'Allemagne ** comprend la TVA – valable pour l'Autriche

Appuyé sur une série de recherches relevant pour une grande partie de la psychologie sociale, cet ouvrage a pour objectif fondamental de déterminer les conditions psychosociales d'un rapport aux identités susceptible de nourrir une confiance dans la possibilité de vivre ou de revivre dynamiquement ensemble dans un monde commun.

Contrairement à la thèse selon laquelle cette confiance est d'autant plus forte que nous parvenons à mettre entre parenthèses toutes ces appartenances particulières censées nous séparer les uns des autres, l'auteur démontre avec rigueur qu'un certain type d'usage de nos identités sociales est nécessaire pour que s'instaure une véritable démocratisation de la vie sociale-historique.

L'enjeu, ici, est d'établir que nos différentes appartenances, loin d'empêcher une solidarité générale entre individus, sont au contraire nécessaires à sa construction. Une société d'individus indifférenciés ne pourrait ainsi se construire que sur le modèle sécuritaire de l'ordre. Seule la constitution de nos appartenances en « identités intermédiaires » peut générer un engagement autour d'enjeux de solidarité.

En ouvrant un champ de recherche inédit entre psychologie sociale et philosophie sociale, ce livre entend ainsi proposer une réflexion originale sur la productivité démocratique d'une certaine forme de mobilisation de nos identités.

Contenu : La modification du rapport à l'identité sociale dans les réseaux connexionnistes – La structure sociologique des appartenances et le changement de signification des actes d'identification – Identification sociale et lutte entre groupes – La variation du rapport entre identité personnelle et identité sociale – Identités intermédiaires et confiance sociale – Les politiques de discrimination positive et les identités minorisées – Droit humanitaire international et vulnérabilité collective.

PETER LANG
Bern · Berlin · Bruxelles · Frankfurt am Main · New York · Oxford · Wien